CAMBRIDGE LIBRARY COLLECTION

Books of enduring scholarly value

Earth Sciences

In the nineteenth century, geology emerged as a distinct academic discipline. It pointed the way towards the theory of evolution, as scientists including Gideon Mantell, Adam Sedgwick, Charles Lyell and Roderick Murchison began to use the evidence of minerals, rock formations and fossils to demonstrate that the earth was older by millions of years than the conventional, Bible-based wisdom had supposed. They argued convincingly that the climate, flora and fauna of the distant past could be deduced from geological evidence. Volcanic activity, the formation of mountains, and the action of glaciers and rivers, tides and ocean currents also became better understood. This series includes landmark publications by pioneers of the modern earth sciences, who advanced the scientific understanding of our planet and the processes by which it is constantly re-shaped.

Études sur les glaciers

Swiss-born zoologist, geologist and paleontologist Louis Agassiz (1807–73) was among the foremost scientists of his day. When he took up the study of glaciology and glacial geomorphology in Switzerland in 1836, he recorded evidence left by former glaciers, such as glacial erratics, drumlins and rock scouring and scratching. In this work, published in 1840, he proposed a revolutionary ice-age theory, according to which, glaciers are the remaining portions of sheets of ice which once covered the earth. His radical suggestion undermined the hypothesis that landscape features were the result of a great biblical flood. Although Agassiz's invaluable work led some to acclaim him as the 'father' of glacial theory, critics have cited the contributions of others, including Jean de Charpentier and Karl Schimper. The book also describes the features of active glaciers, including ice tables, ice pinnacles and moraines. It has not been possible to reissue the accompanying atlas of 32 plates.

Cambridge University Press has long been a pioneer in the reissuing of out-of-print titles from its own backlist, producing digital reprints of books that are still sought after by scholars and students but could not be reprinted economically using traditional technology. The Cambridge Library Collection extends this activity to a wider range of books which are still of importance to researchers and professionals, either for the source material they contain, or as landmarks in the history of their academic discipline.

Drawing from the world-renowned collections in the Cambridge University Library and other partner libraries, and guided by the advice of experts in each subject area, Cambridge University Press is using state-of-the-art scanning machines in its own Printing House to capture the content of each book selected for inclusion. The files are processed to give a consistently clear, crisp image, and the books finished to the high quality standard for which the Press is recognised around the world. The latest print-on-demand technology ensures that the books will remain available indefinitely, and that orders for single or multiple copies can quickly be supplied.

The Cambridge Library Collection brings back to life books of enduring scholarly value (including out-of-copyright works originally issued by other publishers) across a wide range of disciplines in the humanities and social sciences and in science and technology.

Études sur les glaciers

LOUIS AGASSIZ

CAMBRIDGE UNIVERSITY PRESS

Cambridge, New York, Melbourne, Madrid, Cape Town,
Singapore, São Paolo, Delhi, Mexico City

Published in the United States of America by Cambridge University Press, New York

www.cambridge.org
Information on this title: www.cambridge.org/9781108049764

This edition first published 1840
This digitally printed version 2012

ISBN 978-1-108-04976-4 Paperback

ÉTUDES

SUR

LES GLACIERS;

PAR

L. AGASSIZ.

OUVRAGE ACCOMPAGNÉ D'UN ATLAS DE 32 PLANCHES

NEUCHATEL,

AUX FRAIS DE L'AUTEUR.

En commission chez **JENT** *et* **GASSMANN**, *libraires,*

à Soleure.

1840.

A M. Venetz, *Ingenieur des ponts et chaussées au canton de Vaud,*

et à

M. J. de Charpentier, *directeur des mines de Bex.*

Messieurs,

Ce sont vos intéressans travaux qui m'ont inspiré le désir d'étudier les glaciers de nos Alpes : je vous dois en outre les premières directions qui m'ont mis à même de poursuivre ces recherches. Aussi, dès que mes observations me parurent mériter la publicité, formai-je le projet de vous dédier mon ouvrage. Veuillez l'accueillir aujourd'hui comme un gage de ma haute estime et de mon affection.

L. AGASSIZ.

PRÉFACE.

De tous les phénomènes de la nature, je n'en connais aucun qui soit plus digne de fixer l'attention et la curiosité du naturaliste que les glaciers. A voir le grand nombre de gens instruits qui, chaque année, affluent de toutes les parties de l'Europe dans nos Alpes pour y visiter nos montagnes de neige, on devrait croire que toutes les phases de leur histoire ont été étudiées jusque dans le plus menu détail. Car quoi de plus naturel, lorsqu'on se trouve en face de ces immenses massifs de glace, d'où s'échappent, en bouillonnant, les premières ondes de nos grands fleuves, quoi de plus naturel, dis-je, que de s'enquérir de leur nature, des causes qui les produisent, des modifications qu'ils subissent sous l'influence des saisons, et de l'influence qu'ils exercent eux-mêmes sur les lieux qui les environnent? Il y a là sans doute de quoi intéresser tous les esprits sérieux. Mais il paraît que de tout temps les glaciers ont eu le privilége de n'inspirer aux étrangers que l'étonnement et l'admiration. Les indigènes eux-mêmes n'en ont fait que de loin en loin le sujet d'investigations suivies, et encore ce mérite appartient-il plutôt aux naturalistes des deux derniers siècles qu'à ceux de notre époque. Depuis les travaux des Scheuchzer et des de Saussure, la science s'est détournée des glaciers, et les hautes et sereines régions des Alpes, qui semblaient s'être familiarisées avec la présence de ces illustres savans, sont redevenues en quelque sorte une terre inconnue aux modernes, qui, sous le faux prétexte qu'il n'y avait là plus rien à découvrir, ont perdu jusqu'à la trace des voies que la persévérance de leurs devanciers y avait frayées.

Cependant la science marchait à grands pas vers les nouvelles découvertes ; et la géologie, en particulier, en reculant les limites du passé bien au-delà de la création de l'homme, ne pouvait pas manquer de reconnaître à la surface du sol, de ce témoin fidèle de toutes les révolutions que la terre a subies, les traces d'agens aussi puissans que les glaciers. Grâce aux recherches de MM. Venetz et de Charpentier, ils nous ont en effet fourni l'explication la plus probable de l'un des grands phénomènes de l'histoire de la terre, du transport de ces blocs erratiques qui se trouvent perchés sur les flancs des montagnes, à une très-grande distance de leur origine. Depuis ce moment les glaciers ont repris un intérêt nouveau, et les voyages récens de M. Hugi nous ont appris qu'ils sont aussi par eux-mêmes dignes, à un haut point, de l'attention du naturaliste.

Mes propres recherches avaient d'abord pour but principal de démontrer la liaison des phénomènes qui accompagnent les glaciers actuels avec les phénomènes analogues qui annoncent une plus grande extension des glaciers à une époque antérieure à la nôtre. Pour arriver à ce résultat, j'ai dû faire une étude approfondie de l'état actuel des glaciers et des modifications qu'ils subissent sous l'action des agens extérieurs. Cette étude m'a conduit à la découverte de plusieurs faits nouveaux qui se trouvent consignés dans cet ouvrage; elle m'a en même temps permis d'apprécier plus exactement qu'on ne l'avait fait jusqu'ici, l'enchaînement de tous les phénomènes relatifs aux glaciers. Pour écarter toute espéce de défiance, à l'égard des nouvelles explications que je propose, j'ai eu soin de les appuyer autant que possible sur des faits déjà énoncés par les auteurs ; j'ai même cité textuellement leurs observations, de préférence aux miennes, toutes les fois qu'elles portaient un cachet de clarté et de précision.

L'ouvrage que j'offre au public scientifique contient le résumé de mes observations et de mes études pendant cinq années consécutives. J'attache quelque prix à ce que l'on sache que les résultats que j'y ai consignés ont été discutés à plusieurs reprises par mes amis, soit pendant les courses que nous faisions ensemble, soit après notre retour : ils sont pour ainsi dire le résultat collectif de toutes les observations et de toutes les remarques accidentelles qui se multiplient et s'entrechoquent toujours, lorsqu'on est plusieurs à examiner les mêmes choses. Dans des circonstances pareilles, les idées hasardées sont bien vite contestées et ramenées à leur juste valeur ; et si mes observations paraissent plus complètes que celles de mes devanciers, je le devrai en partie aux critiques empressées de mes amis.

Je suis loin de prétendre avoir dit le dernier mot sur les glaciers. Au contraire, je ne saurais assez engager les naturalistes et les physiciens à diriger leurs recherches de ce côté, persuadé que je suis qu'ils y trouveront ample matière à exercer leur zèle et leur savoir. Car les glaciers sont un champ immense qui deviendra de plus en plus fertile en résultats scientifiques, à mesure qu'on le cultivera avec plus de soin. C'est ce dont je me suis convaincu plus que jamais pendant le séjour prolongé que je viens de faire sur la mer de glace du Finsteraarhorn.

A l'Hospice de Grimsel, le 20 août 1840.

L. AGASSIZ.

CHAPITRE I.

APERÇU HISTORIQUE SUR L'ÉTUDE DES GLACIERS.

Parmi les auteurs qui ont écrit sur les glaciers, il en est peu qui aient fait des recherches étendues sur ce sujet et qui l'aient envisagé sous toutes ses faces : la plupart se sont bornés à consigner quelques observations isolées et souvent sans rapport direct avec les phénomènes les plus importans et les plus essentiels qu'offrent les glaciers. Aussi, pour apprécier à leur juste valeur le mérite de tous les ouvrages qui en traitent, il faudrait être plus avancé qu'on ne l'est sur la plupart des questions qui s'y rattachent. Or, dans ce moment, il n'est peut-être aucun point de l'histoire des glaciers qui ne soit encore controversé. Je ne chercherai donc pas à faire de l'érudition en discutant au long les différentes opinions qui ont été avancées sur la nature des glaciers et sur les phénomènes qui s'y rattachent. Rien ne serait plus facile, du moment que l'on posséderait une base généralement admise pour apprécier la valeur de tous les détails des faits cités et observés ; mais je crois la chose inutile aussi long-temps que les principales questions ne seront point arrivées à une solution satisfaïsante. Je discuterai encore moins la valeur de toutes les hypothèses qui ont été imaginées pour expliquer quelques points particuliers de ce vaste sujet. Je me bornerai pour le moment à résumer ce qu'il y a d'essentiel dans les ouvrages des principaux auteurs qui se sont occupés des glaciers ; ce sera un moyen sûr de faciliter les comparaisons entre l'état de la question à toutes les époques de ses progrès successifs et les faits et conclusions que je présente aujourd'hui. Quant aux faits de détail mentionnés par plusieurs auteurs, qui n'ont point étudié la question dans son ensemble, je les citerai en exposant les sujets particuliers traités dans les divers chapitres qui suivent.

Scheuchzer, l'illustre physicien de Zurich, dont la Suisse s'honore à juste titre, savant aussi modeste que hardi dans ses conceptions, est le premier qui ait traité spécialement la question des glaciers, comme question de physique générale, et qui ait en même temps résumé tout ce que ses prédécesseurs avaient énoncé sur ce sujet. Depuis lui, la science s'est bien enrichie de quelques faits nouveaux, mais il est peu de faces de la question qu'il n'ait déjà abordées dans son traité. Ses idées, émises avec réserve, se sont répandues ; elles ont même en grande partie prévalu en se popularisant; plus tard elles ont été reprises dans des ouvrages plus récens et présentées comme le résultat d'observations nouvelles.

Je crois devoir à sa mémoire d'extraire ici le chapitre de ses voyages dans les Alpes où il traite des glaciers. Ces citations me dispenseront de m'étendre sur les auteurs qui l'ont précédé et dont il analyse les travaux avec la précision qui lui est habituelle.

Scheuchzer attribue, avec Simler, la formation des glaciers à l'accumulation des neiges dans les hautes Alpes; mais il se hâte de distinguer les névés des glaciers proprement dits (*); puis il rappelle les différences qu'offrent les glaciers quant à leurs dimensions, à leur hauteur, à leur longueur, à leur forme et à la hauteur des montagnes sur lesquelles ils reposent. Il cite ensuite les observations de Hottinger (**) sur la stratification et l'augmentation des glaciers et sur l'extension et le retrait alternatifs auxquels ils sont sujets. Il parle plus loin de la pureté de la glace des glaciers et reconnaît l'exactitude des assertions de Simler, qui le premier avait affirmé que les glaciers rejettent à

(*) *Simler*, de Alpibus, pag. 74 (Edit. Elzevir, p. 193), est très-«explicite à ce sujet: Porro inveteratas illas nives nostri homines «*Firn* vocant. Est autem nix hæc dura quidem et aliqua ex parte «congelata, sed nondum nivis naturam exuit; quæ vero soluta «et congelata, neque jam nix sed glacies est, ea *Gletscher* a nostris «vocatur.»

(**) Ephemerides Acad. nat. curios. 1706, pag. 41.

la longue les corps étrangers qui tombent dans leurs crevasses. Il leur attribue déjà, selon l'opinion généralement reçue, un mouvement progressif, qu'il prouve par le fait de la chapelle de Ste Pétronille, dans la vallée de Grindelwald, qui fut envahie et refoulée par le glacier, avec les arbres, les maisons, les étables et les pâturages environnans; ce qui obligea les habitans d'aller s'établir ailleurs. La cause de cet évènement n'échappa point à la sagacité de Scheuchzer. Il l'attribue tout naturellement à la dilatation du glacier, qui résulte elle-même de la congélation des eaux infiltrées dans les fissures et les autres interstices de la glace (*).

(*) « Addunt motum veluti progressivum, quo terminos suos « magis magisque soleant protendere, et exempli loco afferunt « Divæ Petronellæ sacellum, in Grindelia valle, glacie totum oper- « tum, et sede sua depulsum, quæ adhuc dum digitis demonstrari « solet, terram item adjacentem, una cum arboribus, casis, « stabulis et pascuis remotam, ut incolæ aliorsum casas suas migrare « necesse habuerint. Progressivi hujus accrementi et effectuum hinc « dependentium causa non miraculo alicui, quod verum physi- « carum imperiti somniant, sed omnino causis naturalibus adscribi « debet. Solet nempe aqua a tergo montium rupiumve glacialium « defluens, vel in fissuris ipsis et interstitiis aliis glacialibus collecta « et utrobique conglaciata, quoniam amplius in hoc statu requirit « spatium (contestantibus id experimentis circa frigus et glaciem « institui solitis) undiquaque premere et eam quidem glaciei partem, « quæ liberum aerem respicit et pascua declivia actu ipso propellere, « et una cum glacie arenam, lapides, saxa etiam grandiora, quo « ipso hyperbolica illa purgatio simul explicari, et facile intelligi « potest. » *Scheuchzer*, Iter alpinum quartum; pag. 287, edit. Lugd. Batav.

Enfin, Scheuchzer parle des crevasses, qu'il distingue des fissures et autres interstices du glacier et qu'il dit se former avec fracas surtout au printemps et en été, ou toutes les fois qu'il y a un changement notable de température tendant à dilater les bulles d'air que la glace des glaciers renferme en si grand nombre (*). Nous verrons par la suite que les moraines et les roches polies sont les seuls phénomènes importans dont Scheuchzer n'ait pas fait une mention spéciale.

Gruner, dans un ouvrage étendu sur les glaciers de la Suisse (**), ne nous apprend pas grand chose de nouveau sur leur nature et les phénomènes qui

(*) «De montibus his glacialibus insuper observari meretur eos «sæpe *rimas agere*, et rumpi tacito quidem impetu, ut terra «tremere et montes ipsi ruere videantur. Fit hoc præcipue verno «tempore, et æstivo, vel etiam imminente quavis aeris frigidi in «calidum et humidum mutatione, quando nempe aer bullis glaciei «(notandum ὡς ἐν παρόδῳ montanam nostram glaciem bullulis esse «refertissimam) incarceratus et condensatus, vim suam elasticam «potius exercere, quam rarescere incipit, tanto magis autem quo «debilior est vis contrapremens aeris externi. Non potest autem «hæc expansio aeris clausi contingere, absque quod abrumpantur «cum fremitu et sonitu parietum rigidiorum, tanto fortiori, quo «crassior atque profundior est frusti glacialis diffringenda moles.»

(**) Die Eisgebirge des Schweizerlandes, beschreiben von *Gruner*, 3 vol. in-8°. Bern 1760. La traduction abrégée de cet ouvrage, qu'a publiée M. *de Kéralio* sous le titre d'Histoire naturelle des glacières de Suisse, 1 vol. in-4°, Paris 1770, est très-incorrecte; et quant à la nomenclature des lieux cités, c'est une abominable parodie de tous les noms célèbres de notre pays.

s'y rattachent. Il les décrit plutôt qu'il n'étudie leur structure, et ce qu'il dit de leur origine, de leur composition, de leur forme, de leurs mouvemens, de leur aspect et de leur position, n'est qu'une amplification des observations de Scheuchzer et de ses autres dévanciers, parmi lesquels Altmann mérite surtout d'être lu. La manière dont il explique les pyramides de glace est tout à fait erronée ; les détails qu'il donne sur les diverses modifications de la glace dans les Alpes sont également loin d'être corrects. Il attribue les crevasses au poids des grandes masses du glacier ou à la tension de l'eau et de l'air qui s'accumulent sous les glaciers. L'accroissement des glaciers est dû, selon lui, aux eaux qui s'écoulent à leur surface après avoir rempli leur encaissement. Quant à la fonte, il pense qu'elle a lieu plutôt et peut-être même uniquement à la partie inférieure. Gruner est le premier qui attribue le mouvement des glaciers à un glissement sur leur fond, déterminé par leur poids et par la fonte de leurs flancs. Cette supposition est une conséquence naturelle de l'idée fausse que cet auteur s'était faite de l'accroissement et de la fonte des glaciers. Il ne parle des moraines qu'en passant et paraît attacher peu d'importance à leur formation et à leurs mouvemens. En revanche, les détails qu'il donne sur l'extension et le retrait alternatif du glacier de Grindelwald, depuis 1540 jusqu'à 1750, sont pleins d'intérêt.

Personne n'a étudié les glaciers sur une plus grande échelle que l'illustre *de Saussure.* Il a examiné à-peu-près tous les glaciers de la Suisse ; il a visité les mers de glace du Mont-Blanc, du Mont-Rose et de l'Oberland bernois : son zèle infatigable pour l'histoire naturelle des Alpes lui fit découvrir le chemin de leurs plus hautes sommités à une époque où les vallées inférieures même, si fréquentées de nos jours, paraissaient à peine accessibles aux habitans des villes. Le grand nombre de faits qu'il a recueillis dans ses courses forme encore de nos jours le corps d'étude le plus complet que nous possédions sur les glaciers (*) ; car il n'est pas un seul de leurs phénomènes qui lui ait échappé. Mais trop confiant dans les assertions de Gruner, il lui emprunta plusieurs idées que je crois erronées, surtout celles qui concernent le mouvement des glaciers.

De Saussure est le premier qui ait cherché à fixer l'épaisseur des glaciers : il l'a trouvée communément de 80 à 100 pieds dans le glacier des Bois. Il explique l'origine des glaciers de la même manière que Scheuchzer et Simler ; il insiste, comme eux, sur la différence qui existe entre les neiges qui couvrent les hautes sommités et les glaciers proprement dits. Quant aux causes qui limitent l'accroissement des

(*) Voyage dans les Alpes, par *H. B. de Saussure*, 4 vol. in-4°. Neuchâtel, 1803.

glaciers, il les cherche dans les effets du soleil, des pluies, des vents chauds, et dans l'évaporation de la surface; mais la chaleur souterraine est, selon lui, l'agent le plus efficace dans la fonte des glaciers; il lui attribue aussi la formation des courans d'eau qui existent sous les glaces. Il prétend que la chaleur souterraine amincit les couches inférieures des neiges, dont il attribue la stratification à des alternances annuelles. Il suppose en outre que la pesanteur des glaciers les entraîne avec une rapidité plus ou moins grande dans les basses vallées, où la chaleur de l'été est assez forte pour les fondre; il va même jusqu'à affirmer que « ces masses glacées, entraînées par la « pente du fond sur lequel elles reposent, dégagées « par les eaux de la liaison qu'elles pourraient con- « tracter avec ce même fond, soulevées même quel- « quefois par ces eaux, doivent peu-à-peu glisser et « descendre en suivant la pente des vallées et des « croupes qu'elles couvrent. » Nous verrons que les faits ne confirment aucunement cette explication du mouvement progressif des glaciers et que sur ce point, comme sur plusieurs autres, il faut en revenir à l'opinion de Scheuchzer.

De Saussure est encore le premier qui ait suivi avec attention les moraines et qui se soit occupé de leur formation, de l'arrangement et de la forme des roches qui les composent, ainsi que de leur marche; mais il n'a bien compris que les moraines latérales:

ce qu'il dit des moraines médianes est tout à fait erroné ; il tourne même en dérision la seule explication qu'on puisse en donner et que de nombreuses observations tendent également à confirmer. Le premier, il a eu l'idée de faire servir les moraines à la détermination de l'extension variée des glaciers et des alternances dans leur accroissement et leur diminution ; il a surtout fait l'application de cette idée aux différentes moraines concentriques de l'extrémité du glacier des Bois, sans cependant en tirer tout le parti que ses successeurs en ont tiré. Il avait aussi remarqué que les glaciers balayent devant eux tout ce qui est mobile, mais il ne s'est pas douté que l'aspect lisse du fond des vallées qu'ils occupent fût dû à leurs mouvemens. Enfin c'est à de Saussure qu'est due l'explication du curieux phénomène des tables des glaciers.

M. *Hugi* (*) a surtout étudié les glaciers de la chaîne centrale des Alpes suisses. Voyageur aussi intrépide que zèlé géologue, il est souvent remonté à la source même des glaciers, que tant d'observateurs se sont bornés à examiner à leur issue dans les vallées ; il a recueilli une foule d'observations nouvelles qui avaient échappé à ses devanciers. Tout ce qu'il dit de la structure du glacier, de la différence de la glace à différentes hauteurs, les faits importans qu'il signale à l'égard des névés (Firn) et de leur transformation

(*) Naturhistorische Alpenreise von *F. J. Hugi*. Solothurn 1830.

en glace, sont le résultat d'observations qui lui sont propres et que personne, avant lui, n'avait poursuivies dans tout leur détail. Bien qu'il reste encore plusieurs questions très-importantes à résoudre sur la formation et la structure des glaciers, l'ouvrage de M. Hugi devra cependant toujours être consulté par ceux qui voudront apprendre à les connaître.

M. Hugi a cherché à démontrer qu'il existe une limite constante entre les glaciers proprement dits et les haut-névés ; il donne de plus nombreux renseignemens que ceux que l'on possédait sur la puissance des glaciers. Il insiste sur la rudesse de leur surface extérieure et sur l'apparence unie de leur surface inférieure; mais il prend l'exception pour la règle quand il affirme que les glaciers ne reposent pas généralement sur leur fond et qu'ils ne se congèlent pas avec lui. Il rapporte des faits bien connus des montagnards sur la couleur des glaciers, mais qui paraissent être assez généralement ignorés. Quant au mouvement des glaciers, il repousse l'idée du glissement et celle de la dilatation; il l'attribue vaguement à un travail intérieur du glacier (*innere Ausdehnung*, p. 367), sans l'expliquer ; il prétend aussi, mais certainement à tort, que les glaciers et les névés diminuent essentiellement par leur surface inférieure. Il attribue la structure particulière des haut-névés à la sécheresse de l'air dans ces hautes régions et donne de nombreux détails sur leur mode de formation et sur leur transformation en glace. Les crevasses lui paraissent être déterminées par la tension des différentes couches du glacier et par l'espèce d'antagonisme, de polarité, qu'il dit exister entre la face supérieure et la face inférieure; il affirme de plus qu'il existe deux espèces de crevasses, celles de jour ou d'été, qui se forment à la surface, de haut en bas, et celles de nuit ou d'hiver qui se forment sous le glacier, de bas en haut. Ce qu'il dit des moraines en général est très-incomplet et même en partie inexact; il nie à tort que l'élévation des moraines médianes au-dessus du niveau du reste de la surface du glacier, soit un effet de l'évaporation. Je ne crois pas non plus exacte l'explication qu'il donne du phénomène des petits creux au fond desquels on trouve de petits cailloux, ou des insectes et même des feuilles. Il envisage en général le phénomène du rejet des corps étrangers introduits dans la masse du glacier, comme une sorte de fonction organique. En revanche ce qu'il dit de l'augmentation et du retrait des glaciers est très-intéressant.

Il est surprenant que M. Hugi, qui a si souvent observé les roches bosselées des bords des glaciers, n'ait pas eu l'idée de les attribuer au mouvement des glaces : il semble croire que leur forme tient au caractère naturel des masses granitiques sur lesquelles il a le plus souvent remarqué ces formes ventrues; et comme il s'est en général moins occupé des moraines que de la structure même du glacier, il n'a pas fait attention aux anciennes moraines. Mais ces deux sujets ont été étudiés à fond par M. Venetz et par M. de Charpentier.

M. *Venetz*, alors ingénieur en chef du Valais, rédigea en 1821 un mémoire sur les variations de la température dans les Alpes de la Suisse, qui fut lu à la Société helvétique des sciences naturelles, mais qui ne parut qu'en 1833, dans la seconde partie du 1er vol. des Mémoires de la société helvétique (*).

Ce mémoire renferme une série de faits très-remarquables sur la marche des glaciers. L auteur y expose pour la première fois d'une manière complète les faits qui démontrent l'extension immense que les glaciers ont eue jadis (**); le premier il parle de moraines qui se trouvent à des distances très-considérables des glaciers, et qui datent d'une époque qui se perd *dans la nuit des temps*, tandis que les faits qui prouvent un accroissement et un retrait alternatif des

(*) Denkschriften der allg. schweiz. Gesellschaft für die gesammten Naturwissenschaften. 1ter Band. 2te Abthlg.

(**) Je n'ignore pas que *Brard* rapporte dans le 19e vol. du Dict. des Sc. nat., qu'un guide de Chamounix, nommé Deville, parlant de certains blocs très-éloignés des moraines actuelles, attribuait leur transport à l'action des glaciers. *Playfair* pensait aussi que ce sont les glaciers qui ont charrié les blocs erratiques. Mais cette idée est restée dans l'oubli, aussi longtemps qu'elle n'a pas été étayée de faits nombreux; et c'est bien M. Venetz qui le premier lui a fait acquérir une valeur scientifique réelle.

glaciers, dans des limites *assez étroites*, sont pour lui un phénomène récent. Bien que de Saussure eût déjà signalé l'existence d'anciennes moraines ne reposant plus sur les bords actuels des glaciers, mais formant des ceintures concentriques, plus ou moins éloignées de leur extrémité inférieure, et bien qu'il eût cité comme exemple celui de tous les glaciers qui est le plus fréquemment visité (le glacier des Bois, dans la vallée de Chamounix), cependant ce fait paraît avoir été entièrement oublié; car depuis que les travaux de M. Venetz ont donné une si grande importance aux anciennes moraines, j'ai entendu nier leur existence par ceux-là même qui se font les défenseurs absolus des idées de Saussure. Les observations de M. Venetz sur ces anciennes moraines sont d'autant plus importantes et méritent d'autant plus de confiance, qu'elles ont été faites en dehors de toute idée systématique. M. Venetz, dans ce premier mémoire, rapporte simplement les faits qu'il a observés; ce n'est que dix ans plus tard que l'examen des blocs erratiques des vallées alpines les lui a fait envisager comme transportés par les glaciers. Antérieurement M. Venetz avait déjà donné une explication très-satisfaisante du rejet des corps étrangers tombés dans les fentes et les crevasses des glaciers. (*)

(*) Verhandlungen der helv. naturforschenden Gesellschaft, 1816, Bern. 8°

M. *de Charpentier*, après avoir longtemps repoussé les idées de son ami M. Venetz, examina aussi les faits sur lesquels elles sont basées; et non seulement il en reconnut la parfaite exactitude, mais ce fut encore lui qui proclama le premier les nouvelles idées de M. Venetz et qui en devint l'avocat le plus zèlé. Cependant M. de Charpentier ne se borna pas à développer et à interpréter la nouvelle théorie valaisanne; il l'étaya de nouvelles observations et de nouveaux faits; et l'examen des roches polies qu'il a surtout poursuivies, devint une nouvelle preuve de la vérité des conclusions que M. Venetz avait tirées de ses propres observations. Partant de là, M. de Charpentier supposa que les glaciers pouvaient bien s'être étendus jadis jusqu'au Jura et y avoir transporté les blocs erratiques épars sur ses flancs. Cette théorie est développée dans une notice insérée dans le 8e vol. des Annales des Mines et dans le 1er vol. de Fröbel et Heer, Mittheilungen aus dem Gebiet der theoretischen Erdkunde. M. de Charpentier ajouta aussi des renseignemens curieux sur les petits lacs qui se forment souvent aux bords ou à l'extrémité des glaciers et sur les phénomènes particuliers auxquels ils donnent lieu.

Je ne parlerai pas ici des autres hypothèses qui ont été émises pour expliquer le transport des blocs erratiques; il sera temps de les analyser lorsque j'aborderai ce chapitre à la fin de mon ouvrage. Je me bornerai seulement à dire que c'est la grande diversité d'opinions qui existe entre les géologues sur le mode de leur transport, qui m'a engagé à étudier les glaciers. J'avoue que j'ajoutais bien peu de foi aux assertions de M. de Charpentier, si brièvement développées dans les notices qu'il a publiées. La théorie des courans, alors généralement admise, me paraissait expliquer bien plus simplement le phénomène; je me flattais même qu'en allant attaquer M. de Charpentier sur son terrain, je le ramènerais peut-être de ses idées qui me paraissaient extravagantes. C'est ce qui me décida en 1836 à aller à Bex, où je passai cinq mois consécutifs, pendant lesquels je m'occupai presque exclusivement de l'étude des glaciers et des phénomènes qui s'y rattachent. Je ne dirai pas comment mes idées sur le transport des blocs se changèrent complètement à la vue des faits si nouveaux pour moi que M. de Charpentier me fit connaître; je devrais pour cela raconter toutes les excursions si nombreuses que je fis avec lui, et pendant lesquelles il voulut bien me faire voir lui-même tous les points les plus intéressans de la contrée qu'il a si bien étudiée, et dont l'examen l'a conduit à la théorie qu'il a émise. Je dirai seulement que nous visitâmes ensemble les glaciers du col des Diablerets, ceux de la vallée de Chamounix, et les moraines de la grande vallée du Rhône et de ses principales vallées latérales. Pendant mon séjour dans cette intéressante contrée je visitai à différentes reprises les localités classiques dont j'avais fait la connaissance, avec plusieurs amis que j'avais invités à venir voir les phénomènes remarquables que M. de Charpentier avait signalés à mon attention.

Jusqu'alors les faits qui attestent une plus grande extension des glaciers que celle qu'ils ont aujourd'hui, se trouvaient circonscrits dans les limites des vallées intérieures des Alpes et n'attestaient positivement leur présence que jusque dans le bassin du Léman ; mais dès mon retour à Neuchâtel, au commencement de décembre, je reconnus que les surfaces unies du Jura, que les habitans du pays appellent des *laves*, devaient avoir été produites par les mêmes agens qui ont poli les vallées alpines, c'est-à-dire par les glaces. Je fis même pendant l'hiver de 1836 à 1837 un cours public sur les glaciers, dans lequel j'exposai l'ensemble des résultats de mes observations sur ce sujet. Je les énonçai plus solennement encore dans le discours que je prononçai à l'ouverture de la session de 1837 de la Société helvétique des sciences naturelles, que j'avais été appelé à présider, cette année, à Neuchâtel (*). Dès lors je n'ai pas cessé de poursuivre ces phénomènes dans les Alpes et dans le Jura. Durant l'automne de 1837 j'examinai les roches polies du Jura dans les

(*) Actes de la société helv. des sciences nat., session de 1837, Neuchâtel. 8°.

chaînes vaudoise, soleuroise et argovienne, et je fis une nouvelle excursion dans la vallée du Rhône. En 1838 je visitai les glaciers et les roches polies de l'Oberland bernois et du haut Vallais, et un peu plus tard je retournai voir ceux de la vallée de Chamounix. Je rendis compte des nouvelles observations que je venais de faire, à la réunion de la Société géologique de France, à Porrentruy (*); je signalai surtout les roches polies de l'Oberhasli comme le phénomène le plus remarquable que j'eusse étudié jusqu'alors. Enfin en 1839, je visitai de nouveau, avec M. le Prof. Studer et plusieurs amis, l'Oberland bernois; dans la vallée de la Kander nous vîmes la grande moraine de Kandersteg déjà signalée par M. Guyot; la Gemmi nous offrit de grandes étendues de *Karrenfelder*; puis nous examinâmes la vallée de la Viège et le grand amphithéâtre des glaciers de Zermatt. M. Desor, qui m'avait accompagné dans toutes mes excursions de 1838 et de 1839, ayant déjà rendu compte de notre course au Mont-Rose et au Mont-Cervin dans le 53me cahier de la *Bibliothèque universelle de Genève*, je crois pouvoir me dispenser de rappeler les faits nouveaux que nous y avons observés. Dès lors il a paru, dans différens journaux, plusieurs adhésions aux idées nouvelles sur les glaciers (**); mais les

(*) Bulletin de la Société géologique de France. Tom. IX, p. 449.

(**) *B. Studer*, Notice sur quelques phénomènes de l'époque di-

observations les plus inattendues sont celles que M. le Prof. Renoir vient de publier (*) et qui tendent à démontrer que toute la chaîne des Vosges a été jadis envahie par les glaces. (**)

Ces faits lient toujours plus intimement le phénomène des roches polies observées en Angleterre et en Suède, à celui des glaces préadamitiques, que, dès l'origine, j'avais cru pouvoir rattacher aux phénomènes analogues que présentent les Alpes et le Jura, au moyen des Mammouth ensevelis dans les glaces de Sibérie ; ils tendent en même temps à démontrer l'existence d'une époque glacée, intermédiaire entre l'époque actuelle et celle durant laquelle vivaient les êtres organisés qui sont ensevelis dans les terrains soi-disant *diluviens*.

luvienne; Bulletin de la Société géologique de France. Tom. XI, p. 49.— *Arnold Escher de la Linth*, dans le Journal de Leonhard et Bronn 1840.; lettre à M. Bronn.

(*) Note sur les glaciers qui ont recouvert anciennement la partie méridionale de la chaîne des Vosges. Bulletin de la Soc. géol. de France. Tom. XI, p. 53.

(**) Au moment où je corrige cette épreuve, je reçois deux ouvrages nouveaux concernant les glaciers, l'un de M. *Ch. Godeffroy*, Notice sur les glâciers, les moraines et les blocs erratiques des Alpes, Genève 1840, 8°; l'autre de M. *Ch. M. Engelhardt*, Naturschilderungen aus den hœchsten Alpen, Basel 1840, 8° avec un magnifique atlas in-folio, dont j'analyserai plus tard le contenu.

CHAPITRE II.

DES GLACIERS EN GÉNÉRAL.

Il est assez difficile de se faire une juste idée des glaciers lorsqu'on n'en a pas vu ; et même lorsqu'on les a examinés de près, l'on est encore loin d'en comprendre le mécanisme ; car il faut pour cela tenir compte d'une foule de circonstances et avoir égard à une quantité de détails qu'il est impossible de saisir au premier coup d'œil. Il ne suffit pas non plus, pour connaître l'ensemble des phénomènes relatifs aux glaciers, d'en avoir étudié un seul, sous toutes ses faces ; car ils présentent en général des différences si nombreuses, suivant les circonstances au milieu desquelles ils se forment et suivant la nature des vallées dans lesquelles ils descendent, qu'il faut en avoir comparé beaucoup pour saisir l'ensemble de leurs variations. Leur étude est d'ailleurs accompagnée de difficultés et de dangers de toute sorte, qu'un ardent amour de la science peut seul faire surmonter ; c'est ce qui nous explique pourquoi de nos jours, où l'investigation s'étend sur les plus menus objets, le plus beau et le plus intéressant des phénomènes alpins est encore entouré de tant de mystères.

Les glaciers sont des masses de glaces encaissées dans les vallées alpines ou suspendues aux flancs des montagnes. Vus de loin, ils ressemblent à de longues coulées de neige se détachant des hautes sommités et allant déboucher dans les vallées inférieures. Même lorsqu'on n'en est éloigné que de quelques pas, l'on croirait encore que leur substance est de la neige, et l'on a de la peine à se persuader que ce sont bien réellement d'énormes massifs de glace. Nous verrons plus bas, en traitant de la structure des glaciers, à quelle cause l'on doit attribuer cette apparence neigeuse de la glace des glaciers, que ne présente jamais la glace qui se forme en hiver sur nos lacs et nos étangs.

Dans la zone que nous habitons, on ne rencontre des glaciers que dans les hautes montagnes (*), et ce fait nous prouve qu'ils ne peuvent se *former* qu'au milieu de circonstances particulières et sous l'influence

(*) Dans cet ouvrage je ne me suis étendu que sur les glaciers des Alpes suisses et je n'ai rendu compte que des publications qui les concernent, n'ayant pas eu occasion jusqu'ici d'examiner ceux des régions boréales. Je me suis également abstenu de parler de ceux du Tyrol, que j'ai visités à une époque où leur étude m'intéressait moins qu'à présent.

d'une température moyenne qui ne peut être au-dessus de 0°. Mais l'on aurait tort d'en inférer que là où il y a des glaciers, la température moyenne doit être d'au moins 0°; car une foule de glaciers descendent jusque dans les vallées cultivées où la température moyenne est de +4° et même +5°. Il serait également faux d'en conclure qu'il doit nécessairement se former des glaciers là où la température moyenne est de 0°. Les circonstances locales, les agens atmosphériques, la forme, la position et la structure des montagnes jouent ici un très-grand rôle. Si une montagne est trop escarpée pour que la neige puisse adhérer à ses flancs, elle ne produira point de glaciers, attendu qu'ils ne peuvent pas se former sans le concours de la neige. De même une montagne isolée ne donnera pas facilement naissance à des glaciers, alors même qu'elle s'élève dans des régions dont la température moyenne est au-dessous de 0°. Ainsi le Siedelhorn, dont la hauteur est de 8524', n'a point de glaciers, quoique son sommet soit couvert de neige pendant à-peu-près toute l'année : il s'en forme au contraire un grand nombre sur les crêtes bien moins élevées qui séparent le glacier inférieur de l'Aar du glacier supérieur.

Les conditions les plus favorables à la formation des glaciers existent lorsque plusieurs hautes sommités se trouvent très-rapprochées : telles la Jungfrau, l'Eiger, le Mönch, le Finsteraarhorn, le Schreckhorn, etc., dans l'Oberland bernois ; le Gornerhorn, le Mont-Rose, le Lyskamm, etc., dans la chaîne du Mont-Rose, ou bien le Mont-Blanc, l'Aiguille du midi, le dôme du Gouté, le pic du Géant, etc., dans la chaîne du Mont-Blanc. Il arrive alors que non seulement les sommités, mais même les plateaux et les vallées intermédiaires se recouvrent de glaciers, jusqu'à des niveaux où probablement il n'en existerait pas si les hautes cimes n'étaient pas aussi voisines l'une de l'autre. De vastes plateaux qui ont dix, vingt et même trente lieues carrées ne présentent ainsi qu'une surface continue de glace, du milieu de laquelle les crêtes et les cimes des plus hautes montagnes s'élèvent comme des îles volcaniques du milieu de l'Océan. Ce sont ces vastes étendues de glaciers auxquelles on a donné en Suisse le nom de *mers de glace*. Les plus remarquables sont : celle du Mont-Blanc, celle du Mont-Rose et celle de l'Oberland bernois, dont M. Hugi a donné une carte très-instructive dans son voyage aux Alpes. Ces mers de glace détachent sur toute leur circonférence des émissaires, qui descendent par les gorges et les anfractuosités des montagnes dans les régions inférieures : ce sont les *glaciers proprement dits*. Leur nombre est très-variable et dépend essentiellement de la structure des massifs recouverts par les mers de glace. Suivant que ces massifs sont continus ou entamés par des vallées profondes, les glaciers qui en descendent sont plus ou moins nombreux. C'est ainsi que la mer de glace de l'Oberland bernois a plus de glaciers que celle du Mont-Rose ; mais ils sont moins grands que ceux de cette dernière chaîne.

Jusque dans ces derniers temps les glaciers proprements dits avaient seuls eu le privilége de fixer l'attention des physiciens, et de nos jours encore bien des personnes qui s'extasient devant la masse colossale d'un glacier dont ils ne voient que la partie terminale, ne se doutent pas même de la présence de ces vastes surfaces de glace cachées derrière les crêtes des montagnes.

Tous les glaciers n'arrivent pas au même niveau ; il y en a qui cessent déjà entre 7 et 8000′ de hauteur absolue, tandis que d'autres descendent jusqu'à près de 3000 pieds. Leur longueur est également très-variable ; ceux qui atteignent les niveaux les plus bas ne sont pas toujours ceux qui ont le plus long cours. Loin de là, nous avons dans les Alpes des exemples frappans du contraire ; ainsi le glacier inférieur de l'Aar, le plus grand de tous les glaciers de l'Oberland bernois, ne descend qu'à 5728 pieds, d'après M. Hugi, tandis que le glacier inférieur de Grindelwald, quoique moins long, arrive jusqu'à 3200 pieds. Le grand glacier d'Aletsch, le plus long de tous ceux du Valais, ne descend pas plus bas que 4000 pieds.

Les glaciers se rétrécissent en général vers leur

partie terminale. Tel glacier dont la largeur est d'une lieue et au-delà à sa partie supérieure, n'a guère plus de cinq à six cents pieds de large à son extrémité. Quant à leur épaisseur, on n'a pas encore fait d'observations suivies à ce sujet; mais elle paraît être également très-variable. M. Hugi l'évalue en moyenne à 80 et 100 pieds pour la partie inférieure, et à 120 jusqu'à 180 pieds pour la partie supérieure. La partie terminale est souvent bien moins puissante. Certains glaciers qui descendent très-bas n'ont guère que cinquante ou soixante pieds de haut à leur extrémité.

Chaque glacier donne naissance, du moins pendant l'été, à un ruisseau qui est d'autant plus abondant que le glacier est plus considérable. Ce ruisseau s'échappe fréquemment par une voûte plus ou moins spacieuse, située pour l'ordinaire au centre de la face terminale. Quelquefois l'on rencontre à côté de la voûte principale une ou deux voûtes latérales; mais elles sont toujours moins vastes et moins constantes que la voûte principale. Le Rhône, le Rhin, l'Arve, l'Aar et toutes les rivières des Alpes naissent ainsi sous les glaciers.

Les mers de glace forment sans contredit la partie essentielle du phénomène; c'est là qu'est l'origine et le berceau des glaciers qui ne font que porter dans les régions inférieures la masse d'eau qui tombe à l'état de neige dans ces hautes régions.

Pour se faire une juste idée de la nature des glaciers, il importe donc avant tout de connaître leur origine, les modifications qu'ils subissent dans leur cours, l'influence qu'exercent sur eux les agens extérieurs, et la manière dont ils agissent eux-mêmes sur les corps environnans. Afin d'en faciliter l'intelligence; j'ai ajouté à mon ouvrage un recueil de planches représentant les glaciers aux différentes phases de leur développement et dans leurs formes les plus diverses. La plupart de ces vues sont empruntées à la chaîne du Mont-Rose, qui présente à cet égard la plus grande variété de phénomènes. En effet, sous le rapport de l'intérêt scientifique comme sous le rapport pittoresque, le Mont-Rose l'emporte de beaucoup sur tous les autres grands massifs des Alpes. Ses nombreuses cîmes, qui approchent toutes à-peu-près de la hauteur du Mont-Blanc, et dont quelques-unes, entre autres le Mont-Cervin, sont remarquables par leur forme hardie et élancée; ses glaciers se réunissant au nombre de cinq, six et même huit dans un lit commun, et formant ainsi des fleuves de glace d'une vaste étendue; ses nombreuses vallées qui viennent toutes aboutir au massif central, et dont le caractère, ainsi que celui de leurs habitans est de nature à exciter un vif intérêt; enfin les traces nombreuses d'un vaste réseau de glaciers recouvrant autrefois toutes ces contrées, tout cela forme un ensemble des plus instructifs, digne à un haut point de fixer l'attention du physicien et de tout homme sérieux.

Les planches 1 et 2 de mon atlas représentent le panorama de la chaîne du Mont-Rose, pris du haut du Riffel, au-dessus de Zermatt, dans la vallée de St Nicolas. Il est impossible de rien voir de plus imposant et de plus majestueux que cette série de hautes sommités, séparées les unes des autres par des glaciers d'une blancheur éclatante, et qui tous viennent apporter leur tribut au grand glacier de Zermatt qui est à leur pied (*). Cette chaîne, telle qu'elle est ici représentée, occupe un espace de cinq à six lieues en longueur. Le large massif que l'on aperçoit sur la gauche de planche 1, porte, chez les habitans de la vallée de St Nicolas, le nom de *Gornerhorn*; c'est suivant Zumstein la plus haute cîme de toute la chaîne. Son sommet est une sorte de vaste cirque, entouré de nombreux pics, auxquels M. de Welden a donné différens noms (**). Il appelle entre autres *Cîme de Zumstein* celle que cet intrépide voya-

(*) M. Engelhardt a publié un panorama de cette chaîne encore plus étendu que le mien et qui embrasse en même temps le massif du Mont-Rose et celui du Mont-Cervin. Les planches de M. Engelhardt ont sur les miennes le grand avantage d'être plus pittoresques et plus finies; mais les phénomènes particuliers qu'offrent les glaciers y ressortent moins, par la raison bien simple qu'elles sont sur une plus petite échelle et que le devant du tableau y occupe plus de place.

(**) *H. L. von Welden.* Der Monte Rosa. p.35. Vienne, in-8°. 1824.

geur escalada plusieurs fois pendant les années de 1819 à 1823, dans le but d'y faire des observations barométriques et thermométriques, et dont la hauteur se trouva être, d'après la moyenne de ses observations, de 14,160 pieds de Paris. C'est selon toute apparence celle qui est marquée d'un *b* dans ma 1re planche au trait. La cîme *a*, qui est la plus haute de tout le groupe, n'est pas accessible. Zumstein pense qu'elle peut être d'environ 270 pieds plus haute que la précédente. Toutes ces cîmes s'élèvent du milieu d'un vaste plateau de glace qui envoie des glaciers dans toutes les directions. Celui qu'on voit monter jusqu'au sommet du massif est le *grand glacier du Gornerhorn* ; à gauche est le grand *glacier de la Porte-Blanche*, qui sépare le Gornerhorn de la Cima di Jazi ; mais les plus grands de tous descendent du côté du Piémont : ce sont les glaciers d'Ayas, de Lys et surtout le grand glacier de Macugnaga.

J'appelle, avec les habitans de la vallée de St Nicolas, *Cîme du Mont-Rose*, le grand massif qui est à droite du Gornerhorn ; mais je dois faire remarquer que ce nom n'est point entendu de la même manière partout ; et il paraît que les habitans de différentes vallées ont l'habitude de le donner au massif qui est le plus en vue chez eux. Je suis porté à croire que le pic qui porte le nom de Cîme du Mont-Rose dans mon atlas est identique avec celui que M. de Welden appelle le *Dôme du signal*. Il est couvert de neige jusqu'à son sommet, comme le Gornerhorn, et le rocher ne perce que sur quelques points très-escarpés. De ses flancs descendent plusieurs glaciers qui viennent se joindre à ceux du Gornerhorn et de la Porte blanche. J'ai appelé du nom de *grand glacier du Mont-Rose*, celui qui occupe la grande dépression entre la cîme de ce nom et le Gornerhorn, afin de le distinguer d'un autre glacier moins considérable, mais d'un caractère tout particulier, qui en est séparé par une moraine médiane, et auquel j'ai donné le nom de *petit glacier du Mont-Rose;* il descend de l'arête latérale du même massif. Entre le dôme du Mont-Rose et le Gornerhorn, on aperçoit dans le lointain une autre cîme, qui me paraît être le *Pic Vincent* de Welden. Du côté de l'ouest, la cîme du Mont-Rose se rattache au *Lyskamm* par un immense plateau de glace, qui envoie au grand glacier de Zermatt un émissaire très-considérable que j'appelle le *glacier du Lyskamm.* Le massif qui succède au Lyskamm à droite est le *Breithorn;* s'il paraît ici plus large et plus élevé que le Gornerhorn et la Cîme du Mont-Rose, c'est parce que, du point où le panorama a été dessiné, il se présente droit en face, tandis que les autres sont vus obliquement. Un vaste glacier, le *grand glacier du Breithorn*, s'élève jusqu'à son sommet. La cîme assez roide et dégagée de neige, que l'on aperçoit à droite du Breithorn, est le *Petit Cervin ;* M. de Saussure, qui en fit l'ascension, l'appelle la *Corne brune*, pour le distinguer du Breithorn, qui n'en est séparé que par un glacier étroit, le *glacier du Petit Cervin.* Ce dernier se réunit bientôt au *glacier de la Furkeflue*, qui est beaucoup plus large, et communique avec le grand plateau de glace de St Théodule. Je l'appelle glacier de la *Furkeflue*, parce qu'avant de descendre au grand glacier de Zermatt, il longe les flancs de l'arête qui porte ce nom. Enfin la grande plage de glace qui s'étend à droite de la Furkeflue, est le plateau ou *glacier de St Théodule*, qui sépare le Petit Cervin et le Breithorn du Grand Cervin ou Matterhorn. Ce plateau, qui porte aussi le nom de col de St Jacques, sert de communication entre le Piémont et le Valais, pendant les mois les plus favorables de l'été. C'est au haut de ce col que sont situées les ruines du fort de St Théodule, construit jadis par les Piémontais pour se préserver contre les invasions des Valaisans. Saussure y établit sa tente, lorsqu'en 1792, il vint mesurer la hauteur du Mont-Cervin.

Huit glaciers viennent ainsi se réunir dans la vallée qui longe le pied de toutes ces sommités, et y forment un grand fleuve de glace, qui porte le nom de *glacier de Zermatt* ou *de Gorner*, et qui en plusieurs endroits a plus d'une lieue de large. Tous ces glaciers sont loin de se confondre instantanément dans la masse commune; ils conservent au contraire très-longtemps leurs caractères particuliers, et ce n'est qu'insensiblement qu'ils se transforment en une masse homogène. Mais à mesure qu'ils descendent, les parois de la vallée se resserrent; la pente devient plus roide, la surface du glacier est plus tourmentée, et l'on a de la peine à reconnaître les traces de leurs origine multiple. Les planches 3 et 4 nous le représentent sous une forme déjà très-rétrécie; les moraines se confondent, et les crevasses deviennent de plus en plus béantes.

La planche 5 est destinée à faire voir la manière dont les contours du glacier influent sur la direction des crevasses. La planche 6 enfin représente l'extrémité du glacier, avec la voûte par laquelle s'échappe la rivière. On voit également les nombreuses aiguilles qui correspondent à la partie la plus escarpée du glacier, un peu au dessus de son extrémité.

Les autres planches de cet atlas représentent différens phénomènes particuliers du glacier de Zermatt, des détails relatifs à la stratification et aux rapports de la vieille neige et de la neige fraîche sur le glacier de St Théodule, et enfin des vues de plusieurs autres glaciers du Valais et de l'Oberland bernois.

Nous reviendrons par la suite sur toutes ces planches, en parlant des propriétés et des caractères divers des glaciers. Voyez du reste l'explication des planches à la fin du volume.

CHAPITRE III.

DE LA STRUCTURE DES GLACIERS.

C'est un fait reconnu que la glace des glaciers est fort différente de la glace ordinaire qui se forme en hiver sur nos lacs, nos mares et nos rivières. Au lieu d'être glissante et polie, elle est inégale à sa surface, ce qui fait que l'on chemine très-commodément et sans aucun danger sur tous les glaciers qui ne sont ni trop crevassés, ni trop inclinés. Cette apparence particulière résulte, à mon avis, de la structure intime de la glace des glaciers, qui est composée d'une multitude de fragmens angulaires de glace, ayant d'ordinaire demi-pouce jusqu'à un pouce et demi de diamètre et qui sont séparés les uns des autres par des fissures capillaires innombrables. La surface de ces fragmens est inégale, le plus souvent ridée ou striée, rarement tout-à-fait lisse; les plus grands se trouvent toujours à l'extrémité du glacier, où l'on en rencontre qui ont jusqu'à trois pouces; mais ils sont loin d'avoir la régularité des vrais cristaux (*) et varient considérablement dans leur forme. A mesure que l'on s'élève vers la partie supérieure des glaciers, on voit ces fragmens diminuer insensiblement de volume et se réduire enfin à de simples granules; la masse entière passe alors à l'état d'une neige grenue, que les habitans des Alpes françaises appellent *névé* et que l'on désigne en allemand sous le nom de *firn*.

Le névé est en quelque sorte une forme intermédiaire entre la glace et la neige, qui n'existe que dans les hautes régions; les mers de glace en sont en grande partie composées, au moins à la surface, et on le retrouve également sur la plupart des hautes cîmes de nos Alpes. Le glacier lui-même n'est, dans toute sa masse, qu'une transformation du névé, opérée à l'aide de l'eau, et voici de quelle manière : quoique la température moyenne des régions ou règne le névé soit de beaucoup au-dessous de zéro, le soleil parvient cependant à en fondre annuellement une partie, pendant les mois chauds de l'été. L'eau qui résulte de cette fonte s'infiltre dans la masse, où, remplaçant l'air que le névé contient en abondance, elle se congèle pendant la nuit et transforme ainsi une partie du névé en une glace d'abord peu compacte, mais qui gagne de plus en plus en consistance et en épaisseur,

(*) Il est à regretter que M. Hugi ait adopté le nom de cristaux, pour désigner ces fragmens qu'il a d'ailleurs très-bien décrits.

à mesure que de nouvelles eaux viennent s'y infiltrer et que la masse entière chemine dans le sens de sa pente (Voy. chapitre XII, Du mouvement des glaciers). La transformation du névé en glace s'opère généralement de bas en haut, par la raison fort simple que l'eau, tendant continuellement à descendre, c'est la partie inférieure du névé qui s'imbibe la première. Il en résulte que, dans la plupart des cas, le fond est à l'état de glace, tandis que la surface est encore à l'état de névé; c'est en effet ce que démontrent les observations de MM. de Saussure, Zumstein et Hugi; et j'ai eu moi-même plusieurs fois l'occasion de faire cette observation au glacier de l'Aar et au glacier de Zermatt.

Le névé lui-même n'est en définitive autre chose qu'une neige congelée; c'est le glacier dans son premier développement. Sa structure grenue est le résultat de la gelée, et l'eau est en quelque sorte le ciment qui, en se congelant, transforme cette masse granuleuse en une masse compacte. J'envisage les grains du névé comme l'origine de cette structure fragmentaire ou de ces soi-disant cristaux qui se retrouvent dans la glace de tous les glaciers, quelle que soit sa compacité ; car lorsqu'on ne les aperçoit pas au premier coup-d'œil, il suffit d'humecter la surface avec un peu d'acide ou tout autre liquide coloré, pour les voir aussitôt se dessiner avec la plus grande netteté; on entend en même temps un léger bruit de décrépitation. L'urine chaude est le réactif le plus portatif que l'on puisse employer dans ce but ; ceux qui feront cette petite expérience seront frappés de la différence des effets produits par ce moyen sur la glace d'un glacier, comparativement à ceux produits sur la neige ou sur la glace ordinaire.

La glace d'un glacier est d'autant plus transparente que ces soi-disant cristaux sont plus grands ; c'est essentiellement l'air contenu entre les joints des fragmens qui la rend opaque ; or plus ces fragmens ou prétendus cristaux seront grands, moins il y aura de joints dans la masse et plus par conséquent la glace aura de transparence.

Aussi la glace est-elle toujours plus transparente dans la partie inférieure des glaciers que dans leur partie supérieure, de même que c'est aussi ici qu'elle atteint son maximum de compacité. Mais cette transparence et cette compacité ne se maintiennent point à la surface, à moins que celle-ci ne soit abritée contre les agens atmosphériques. Les vents, la pluie et la chaleur rendent la glace poreuse et finissent par la désagréger complètement ; les joints qui unissent les fragmens se disloquent, et lorsque, comme cela arrive assez fréquemment, les glaciers forment des pointes ou des prolongemens saillans à leur extrémité, l'on voit ces pointes bouger plus ou moins lorsqu'on les secoue, et souvent il suffit d'un léger choc pour en abattre de très-gros blocs qui, en tombant, se divisent en une masse de petits fragmens. Examinés isolément, ces fragmens sont d'une transparence parfaite, tandis que, réunis, ils formaient une masse très-opaque; ce qui confirme ce que je viens de dire, que l'opacité résulte surtout de l'air renfermé entre les joints.

Il est assez difficile de se rendre compte de la formation des fissures capillaires qui séparent tous ces fragmens. Je crois cependant qu'il faut les attribuer à la compression des bulles d'air renfermées en si grand nombre dans les névés et dans la partie supérieure des glaciers et qui s'y trouvent engagées par suite de la congélation des masses de neige qui se transforment en glace. On conçoit que cette transformation ne s'opérant qu'insensiblement, l'air engagé dans la neige ne s'en échappe que partiellement, lorsque l'eau qui s'y infiltre vient à le déplacer. Mais bientôt la congélation de cette eau enferme l'air dans la masse du névé; cet air apparaît alors sous la forme de bulles de différentes formes; puis, à mesure que le névé se transforme en glace plus compacte, ces bulles sont comprimées et souvent déplacées par les mouvemens de la glace résultant de sa dilatation: il arrive enfin que ces petits interstices sont transformés en fissures capillaires qui s'entrecroisent dans tous les sens et se renouvellent continuellement, lorsque, remplies d'eau, elles viennent à se congeler. L'inégalité de tension d'une masse composée de tant de fragmens inégaux se désagrégeant et se réagrégeant continuellement, doit aussi puissamment contribuer à leur formation et à leur renouvellement. De Saussure a démontré expérimentalement que la glace formée de neige imbibée d'eau était ainsi remplie de bulles d'air : si nous supposons dès lors cette glace artificielle soumise à tous les mouvemens de la masse des glaciers, sous une pression plus ou moins considérable, nous aurons réuni toutes les conditions nécessaires à la formation de ces fissures capillaires, qui jouent un si grand rôle dans la plupart des phénomènes que présente la glace des glaciers.

L'intérieur des crevasses est bien moins âpre que la surface du glacier; leurs parois, par cela même qu'elles sont verticales, offrent moins de prise aux agens extérieurs; cependant elles ne sont pas, à beaucoup près, aussi lisses que les endroits recouverts par des moraines ou par des blocs isolés; c'est surtout sous les nappes de blocs de l'extrémité inférieure des glaciers que la glace acquiert son maximum de compacité; elle y est souvent d'une dureté telle, qu'elle se brise en esquilles, dont les bords sont aussi tranchans que s'ils étaient de verre.

Il résulte de ceci que le névé ne peut se transformer en glace qu'à l'aide de l'eau, soit que cette eau provienne de la fonte de la croûte supérieure ou des pluies. On a prétendu que, passé une certaine limite, la neige et les névés n'étaient plus susceptibles de se fondre et que l'évaporation avait seule prise sur eux. Il en résulterait que les hautes sommités des Alpes ne devraient être couvertes que de neige et que la glace y serait complètement inconnue. C'est en effet ce qu'affirment la plupart des physiciens et des météorologistes les plus modernes qui s'appuient ici de l'autorité de Saussure (*). Il est vrai que de Saussure dit positivement au § 530 de son ouvrage (Tom. I, p. 374), que l'on ne trouve jamais que des neiges sur les cîmes des montagnes isolées : il s'efforce même de combattre l'opinion de quelques naturalistes qui pensaient que le Mont-Blanc était couvert de glaces vives. Ailleurs, en traitant de la fonte des neiges (Tom. II, p. 320, § 943), il ajoute « qu'en général les neiges « proprement dites ne fondent guère au-dessus de « 1300 toises sur les montagnes dont la hauteur to- « tale surpasse 15 à 1600 toises. » Mais il est à remarquer que lorsque de Saussure émettait ces opinions, il n'avait pas encore fait l'ascension du Mont-Blanc. Ce n'est que plus tard, dans le quatrième volume de ses *Voyages dans les Alpes*, qu'il a publié le récit de ce voyage; et si tous ceux qui s'en sont rapportés avec tant de confiance à ce qui est dit dans les deux premiers volumes, avaient pris la peine de lire l'ouvrage jusqu'au bout, ils auraient appris que de

(*) *F. Hoffmann* Physikalische Geographie. T. 1. pag. 263. — *L. F. Kæmtz* Meteorologie. T. II. p. 163.

Saussure lui-même a été le premier à reconnaître son erreur, puisqu'il rapporte au § 1981 (Tom. IV, p. 163) qu'en traversant le premier plateau de neige qui entoure la cîme du Mont-Blanc, il observa d'énormes cubes de glace (*séracs* voy. plus bas) qui étaient descendus du dôme du Gouté et dont « le fond ou la « partie qui avait été contiguë au roc était une glace à « petites bulles, translucide, blanche, dure et plus compacte que celle des glaciers. » Pour éviter toute cause d'erreur il ajoute même dans une petite note au bas de la même page : « La vue de cette glace si blanche, « ressemblant à de la neige, me prouve que j'avais « bien pu me tromper lorsque, du haut du Cramont, « j'avais cru pouvoir affirmer que les calottes qui « recouvrent le Mont-Blanc et les sommités voisines « sont en entier de neige et non point de glace. » Nous verrons plus tard en traitant de la couleur des glaciers que c'est un fait général que la glace perd ses teintes verdâtres et bleuâtres dans les hautes régions.

M. Zumstein rapporte (*) que lors de sa seconde ascension du Mont-Rose, en 1820, il passa la nuit dans une immense crevasse, à une hauteur de 13,128 pieds. Les parois de cette crevasse étaient de glace très-compacte et d'un bel azur. Or la présence d'une crevasse et d'un massif de glace compacte à cette hauteur,

(*) *Von Welden*. Der Monte-Rosa. p. 127 et s.

prouve suffisamment que l'eau doit s'y trouver parfois à l'état liquide, pour cimenter le névé et le transformer en glace. D'ailleurs M. Zumstein ajoute lui-même qu'il fut assailli par la pluie à une hauteur de près de 10,000 pieds. Or s'il y pleut, le soleil, à bien plus forte raison, doit être capable de fondre le névé; car ce qui empêche habituellement la fonte, c'est moins le défaut de chaleur, que la sécheresse de l'air, qui transforme immédiatement la neige en vapeur d'eau. Enfin M. Hugi trouva le névé de la Mer de Glace de l'Oberland bernois, au pied du Grünhorn, tellement imbibé d'eau, que son guide y enfonçait jusqu'aux genoux. (*)

Mais s'il est vrai que l'eau est indispensable pour transformer le névé en glacier, il est également vrai que la glace des glaciers ne saurait se former directement de l'eau, et c'est en quoi elle diffère de la glace ordinaire. Pour s'en convaincre il suffit d'examiner la glace qui se forme, pendant les nuits d'été, sur les petits filets d'eau et les creux de la surface du glacier, et l'on verra qu'elle n'a absolument rien de commun avec le massif du glacier; elle n'est d'aucune durée, et avant qu'il soit midi le soleil l'a ordinairement déjà fondue. C'est donc à tort que quelques auteurs ont voulu ranger ces filets d'eau parmi les agens créateurs de la glace des glaciers; plusieurs

(*) *Hugi*, Naturhistorische Alpenreise, p. 278.

les ont envisagés comme la cause principale de leur mouvement.

Un autre caractère propre à la glace des glaciers et qui tient à son mode de formation, c'est qu'elle est stratifiée. Il est vrai que cette stratification n'est pas toujours distincte à l'extrémité des glaciers, où elle ne se voit, le plus souvent, qu'au-dessus des voûtes ou dans les crevasses très-profondes. Mais lorsqu'on remonte le cours d'un glacier, il est rare qu'on ne rencontre pas des endroits où cette disposition des masses par couches superposées se montre d'une manière évidente. Dans les parties supérieures du glacier, elle est quelquefois indiquée par une légère couche de neige séparant les couches de glace, comme cela se voit entre autres très-bien au glacier du Gries, où toute la masse du glacier est stratifiée en couches excessivement nombreuses. De Saussure et Zumstein ont observé le même phénomène de stratification, l'un au Mont-Blanc et l'autre au Mont-Rose. J'en ai vu moi-même de très-beaux exemples sur les parois verticales du glacier de St-Théodule, près du Mont-Cervin, là où il s'adosse à son arête septentrionale (voyez Pl. 13, fig. 1). On a remarqué que ces couches diminuent d'épaisseur de haut en bas et qu'elles s'effacent même complètement à une certaine profondeur. Zumstein pense, avec de Saussure, qu'elles sont annuelles, c'est-à-dire, qu'elles indiquent le volume de neige tombé dans une année. Sans posséder des preuves directes du contraire, je crois cependant cette opinion hazardée; il est évident qu'elles indiquent des alternances dans la température de ces hautes régions; mais comme ces alternances peuvent être très-fréquentes dans une seule et même année, on va peut-être trop loin en les faisant correspondre sans preuves directes, à des périodes annuelles.

Quant aux petites bandes de neige que l'on remarque quelquefois entre les couches de glace, je n'ai pas encore été à même de les observer assez fréquemment et sur une assez grande échelle, pour pouvoir en donner une explication authentique. Cependant il me paraît incontestable qu'elles dépendent, d'une part, de la quantité de neige qui tombe durant la saison froide, et d'autre part, des alternances plus ou moins sensibles de la température pendant l'été. Si à un hiver très-neigeux, il vient à succéder un été peu chaud, la couche de neige ne pourra pas être entièrement absorbée par l'évaporation et la fonte, et au premier retour du froid la surface de cette neige, qui n'aura pas été fondue, se durcira; de nouvelles neiges viendront s'y déposer, et lorsque celles-ci se transformeront à leur tour en glace, la couche de neige qui n'aura pas été imbibée avant le premier retour du froid, continuera d'exister à l'état de neige entre des couches de glace. Cette explication est appuyée par ce fait très-important, que ces bandes de neige ne s'observent avec cette régularité que dans les hautes régions, là où s'opère la transformation des névés en glace.

Il ne faut pas prendre pour des indices de stratification certaines soudures que l'on remarque quelquefois dans la partie inférieure des glaciers et qui ne sont autre chose que des crevasses refermées, devenues horizontales par suite d'un accident quelconque survenu dans la marche du glacier. Nous en avons observé de semblables au glacier de Viesch où l'on remarquait dans ces soudures des débris d'aiguilles brisées. Il ne serait pas surprenant que l'on y trouvât même du gravier et d'autres corps étrangers.

Lorsque les pentes sur lesquelles reposent les névés sont très-raides, il peut arriver que de grandes masses s'en détachent et se précipitent tout d'un trait dans les parties inférieures. Suivant de Saussure, lorsque quelques parties de la masse portent à faux, leur pesanteur les force à se rompre en fragmens à-peu-près rectangulaires, dont quelques-uns ont jusqu'à 50 pieds en tous sens. Il appelle ces grands blocs de glace, qu'il dit être d'une régularité parfaite, des *séracs*, parce qu'ils ont absolument la forme d'une espèce de fromage que l'on comprime dans des espèces de caisses rectangulaires où il prend la forme de parallèlipipèdes rectangles. C'est au dôme du Gouté que de Saussure dit avoir surtout observé ce curieux phénomène; il paraît même qu'il ne se rencontre que là, car je ne l'ai remarqué dans aucun des autres glaciers du Mont-

Blanc, ni dans ceux du Mont-Rose et de l'Oberland bernois. De Saussure (*) dit qu'on « voit distinctement « sur les faces de ces séracs les couches de neiges ac- « cumulées d'année en année et passant graduelle- « ment de l'état de neige à celui de glace, par l'in- « filtration et la congélation successive des eaux de « pluie et de celles qui résultent de la fonte des cou- « ches supérieures » ; ce qui confirme l'opinion que j'ai émise au commencement de ce chapitre sur la manière dont la neige se transforme en glace.

Tous les glaciers, avant de passer à l'état de glace compacte, ont donc été à l'état de névé ; mais le névé lui-même ne paraît pas être encore la forme primitive ; il n'est qu'une modification de la neige, opérée par la gelée.

La limite superficielle, entre le glacier et le névé, est là où la glace de la surface passe de l'état compacte ou subcompacte à l'état grenu. M. Hugi s'est particulièrement appliqué à reconnaître cette ligne sur tout le pourtour de la mer de glace de l'Oberland bernois, et il propose de la substituer à la ligne des neiges éternelles que l'on a invoquée à l'appui de tant de théories diverses et contraires, mais qui n'est nullement appréciable dans les Alpes, puisqu'elle varie dans des limites de plusieurs milliers de pieds, non-seulement selon la position des lieux, mais encore

(*) *De Saussure.* Voyage dans les Alpes. Tom. IV. p. 159.

selon les diverses années, dans les mêmes lieux. Mais M. Hugi se fait illusion lorsqu'il prétend que cette ligne est constante et indépendante de la position du glacier et de l'influence des saisons et des années. Je n'ai pas, il est vrai, eu l'occasion de la vérifier sur beaucoup de glaciers de l'Oberland bernois, mais dans les glaciers du Mont-Rose je me suis élevé à près de 10,000 pieds sans la rencontrer. Le glacier de St-Théodule est de glace compacte à sa surface, jusqu'au pied du grand pic du Mont-Cervin. De même le grand glacier de Zermatt ne montre aucune trace de névé à une hauteur de plus de 8000 pieds. Or M. Hugi place la ligne des névés entre 7600 et 7800 pieds dans tout l'Oberland bernois, et il n'admet que 100 pieds de plus dans la chaîne des Alpes pennines. Les faits cités plus haut prouvent d'ailleurs qu'il se forme de véritables glaces là où M. Hugi pense qu'il n'existe que du névé, entre autres près des cîmes du Mont-Rose et du Mont-Blanc.

Le passage du glacier au névé n'est rien moins que tranché à la surface; il dépend en beaucoup de cas de la position du glacier, de la vitesse de sa marche et d'une foule d'autres circonstances. M. Desor a eu l'heureuse idée de chercher un moyen plus sûr d'en apprécier la limite, dans les rapports du glacier avec ses moraines, et il a trouvé que celles-ci ne commencent à surgir que là où la glace a acquis une certaine consistance; car, comme nous le verrons plus tard en traitant des moraines, il n'y a que la glace compacte qui soit susceptible de pousser les blocs à la surface; les névés n'en sont pas capables, à cause de leur nature incohérente. L'apparition des moraines à la surface du glacier indiquerait ainsi la limite certaine entre les glaciers proprement dits et les névés; mais la hauteur absolue de cette limite varie, comme nous l'avons vu, autant que les influences qui tendent à transformer les névés en glace.

CHAPITRE IV.

DE L'ASPECT EXTÉRIEUR DES GLACIERS.

Quoique l'aspect massif des glaciers soit de nature à faire naître l'idée d'une certaine stabilité, cependant rien n'est plus mobile et plus changeant que leur surface. Lorsqu'on visite un glacier que l'on n'a pas vu depuis un certain nombre d'années, on est tout étonné de le trouver singulièrement changé. Tel endroit qui vous aura présenté une surface sillonnée de filets d'eau, ou accidentée de creux et de bassins, sera à-peu-près uni ; tel gros bloc que vous aurez observé en tel endroit aura disparu ; telle crevasse que vous aurez franchie à grand peine, se sera refermée ou bien aura changé de place ; tout en un mot porte ici l'empreinte de la mobilité et du mouvement sous l'apparence de l'immobilité. Des changemens très-notables s'opèrent souvent dans l'intervalle d'une seule année et même d'une saison à l'autre. Les voyageurs de même que les montagnards racontent à cet égard une foule de faits très-intéressans ; et nous verrons plus bas, en traitant des nombreux accidens que présentent les glaciers, que leur surface se modifie d'un jour à l'autre, du matin au soir et du soir au matin. Cette frappante mobilité dépend d'une part de la structure diverse de la glace dans les différentes parties du glacier, d'autre part de l'influence des agens atmosphériques. L'on conçoit par avance que la surface du névé, telle que nous l'avons décrite, soit complètement différente de celle du glacier dans sa partie inférieure, l'une étant grenue et plus ou moins incohérente, tandis que l'autre est très-dure et très-compacte. L'on comprend également que le glacier ne puisse pas avoir la même apparence lorsqu'il pleut et lorsque l'air est très-sec.

Mais une cause toute particulière de la variété d'aspect des glaciers c'est la neige. Il suffit que, par une nuit d'été, la température baisse au dessous de 0° et qu'un vent saturé de vapeur d'eau vienne à s'élever, pour qu'aussitôt le glacier se recouvre d'un tapis uniforme de neige. L'on a souvent alors de la peine à retrouver le lendemain les endroits que l'on a observés et étudiés la veille. Dans les régions inférieures, cette neige d'été ne persiste pas longtemps, et souvent le soleil du matin suffit pour la faire disparaître. Celle qui tombe dans les hautes régions est plus résistante, et l'on remarque qu'elle se fond en général d'une manière très-inégale. Il n'est pas rare de voir certains endroits complètement dégagés de neige, tandis que d'autres en sont encore recouverts et apparaissent comme des bandes blanches au milieu de la surface variée du glacier, ainsi que cela se voyait l'année dernière (en août 1839), au glacier de St-Théodule, au pied même du Mont-Cervin (voy. Pl. 13, fig. 2).

Tous les glaciers ont leurs flancs plus ou moins inclinés vers les parois entre lesquelles ils sont encaissés; c'est l'effet de la fonte ou de l'évaporation accélérée qui résulte de la chaleur que les parois réfléchissent sur le glacier. Cette inclinaison est d'autant plus sensible que les glaciers sont plus étroits; il en est même plusieurs qui sont arrondis en dos d'âne (le glacier du Trient); elle est moins apparente dans les glaciers très-larges, où elle s'efface en quelque sorte devant l'immensité de leur surface; cependant elle n'en existe pas moins, et tel glacier qui, vu d'un point élevé, paraît parfaitement plan, présentera une inclinaison très-fatigante, lorsqu'il s'agira de le traverser. Le glacier de Zermatt, au pied du Riffel, est dans ce cas.

Cette inclinaison des bords du glacier dépend de la roideur des parois, de la nature et de la couleur de leur roche, et surtout de la direction de la vallée. Lorsque celle-ci descend du nord au midi, ou du midi au nord, les flancs du glacier présentent en général un talus également incliné des deux côtés;

mais il n'en est pas de même lorsqu'elle descend de l'est à l'ouest ou de l'ouest à l'est; le flanc septentrional du glacier est alors fortement incliné, ou bien il se détache complètement des parois du rocher, de manière à déterminer de grands vides qui, pendant la plus grande partie de l'année, sont remplis de neige fraîche. Ce phénomène est occasionné par les parois de la vallée, qui, recevant les rayons du soleil du midi droit en face, les reflètent avec une très-grande intensité. Le flanc méridional du glacier est au contraire généralement très-peu incliné ou même parfaitement horizontal, par la raison que les parois de la vallée, loin de contribuer à la fonte de la glace, la protégent contre les rayons du soleil. Les moraines médianes, lorsqu'elles sont très-puissantes, produisent quelquefois le même effet. C'est ainsi que l'on voit en plusieurs endroits, au glacier inférieur de l'Aar, le massif de glace s'incliner vers la grande moraine médiane. Mais ces phénomènes ne se répètent pas partout avec une régularité parfaite; ils sont modifiés par une foule d'accidens divers, dont il faut tenir compte lorsqu'on veut étudier un glacier dans tous ses détails.

Nous avons vu, en traitant de la structure de la glace, que la surface des glaciers est rude et raboteuse dans toute l'étendue de leur cours, quelle que soit leur compacité à l'intérieur : ceci est essentiellement le résultat de l'évaporation qui, en désagrégeant plus ou moins les fragmens ou soi-disant cristaux dónt se compose cette glace, la rend âpre, au point que l'on chemine sans aucun danger sur tous les glaciers lorsqu'ils ne sont pas rendus impraticables par des crevasses, ou que leur pente n'est pas trop roide. Leur glace n'est compacte et glissante à la surface qu'autant qu'elle est abritée contre les agens extérieurs par la moraine ou par des blocs isolés. Le plus commode de tous les glaciers est, sans contredit, le glacier inférieur de l'Aar. Sa pente étant très-faible, il n'a que peu de crevasses, et l'on marche plus agréablement à sa surface que sur bien des chemins de montagnes. M. Hugi a même fait le trajet, de l'extrémité du glacier à sa cabane, à cheval.

Tous les glaciers, quoique composés des mêmes élémens et formés sous les mêmes influences, présentent cependant chacun un caractère particulier qui résulte de la disposition de leurs crevasses, de leurs aiguilles, de leurs moraines et de plusieurs autres accidens. Certains glaciers sont d'une blancheur éclatante, presque sans trace de sable ou de gravier à leur surface (glaciers de Rosenlaui et du Tour), tandis que d'autres en sont recouverts dans toute leur largeur, au point que l'on peut cheminer à leur surface sans se douter que l'on marche sur un glacier (le glacier inférieur de l'Aar, le grand glacier de Zmutt et d'autres). Quelques-uns sont tellement crevassés qu'ils ne présentent que des gouffres béants dans presque toute leur étendue; d'autres sont hérissés d'aiguilles dans une bonne partie de leur cours (le glacier de Viesch); d'autres n'en montrent aucune trace, au moins dans leur partie inférieure (le glacier inférieur de l'Aar).

Ces divers phénomènes sont, il est vrai, assujettis à des lois générales qui se laissent plus ou moins démontrer dans tous les glaciers; mais ils n'en constituent pas moins, par la manière dont ils prédominent les uns sur les autres, autant de physionomies diverses qu'il y a des glaciers. Les glaciers composés sont, sous ce rapport, du plus haut intérêt, par la raison que les divers affluens conservent assez longtemps leur caractère individuel, toutes les fois que le lit commun n'est pas très-incliné. Aucun glacier n'est plus instructif à cet égard que le grand glacier de Zermatt, formé, comme nous l'avons vu plus haut, de huit glaciers, qui tous descendent de la chaîne du Mont-Rose et viennent se réunir dans un lit commun. Lorsqu'on examine ce grand fleuve de glace du haut du Riffel, d'où est pris le panorama des pl. 1 et 2, on remarque à sa surface plusieurs lignes de moraines parallèles qui indiquent la limite des divers affluens; les bandes de glace enclavées entre ces lignes présentent pour la plupart des caractères particuliers qu'on poursuit de l'œil à une très-grande distance, comme, par exemple, cette ligne de creux ou d'entonnoirs qui caractérise l'affluent du Mont-Rose,

En général, c'est moins la longueur du trajet que les accidens du sol qui détermine l'assimilation plus ou moins complète des divers affluens; et, en ceci, les glaciers ressemblent parfaitement aux rivières. Deux glaciers, confluant au-dessus d'un endroit très-incliné, ne maintiendront pas long-temps leur individualité; leurs masses se confondront très-rapidement comme les eaux de deux fleuves qui rencontrent une cascade immédiatement au-dessous de leur point de confluence. Si, au contraire, le lit commun a une pente douce sur une grande étendue, les caractères individuels des divers affluens seront reconnaissables de fort loin; le glacier de Zermatt est dans ce cas: son inclinaison est très-faible depuis la Porte-blanche jusque au-delà de la Furkeflue, où le dernier affluent, le glacier de la Furkeflue, vient apporter son tribut au bassin commun.

Curieux d'examiner de près ces caractères particuliers de chaque affluent, je traversai, avec mes compagnons de voyage, le glacier dans une direction oblique, en partant du pied du Riffel et me dirigeant sur le Mont-Rose. Le glacier de la Porte-blanche forme la bande riveraine de droite. Quoique son flanc ne soit que médiocrement incliné, il est cependant difficile à gravir, parce que la moraine, qui est étroite, n'en recouvre qu'une petite bande. Sa surface est complètement différente de celle de son voisin, le glacier de Gorner; et cependant ces deux glaciers sont ici à environ deux lieues de leur confluence. L'affluent de la Porte-blanche, qui est de beaucoup le plus large, est très-accidenté; sa surface est tellement parsemée de gravier qu'elle en paraît presque noire; les crevasses y sont plus nombreuses que sur le glacier de Gorner. Celui-ci, en revanche, porte un grand nombre de tables, qui manquent complètement au premier; les blocs dont sont formées ces tables, sont, pour la plupart, de larges dalles de serpentine schisteuse. A côté de ces tables nous remarquâmes une quantité de trous ou de baignoires ayant en général un demi-pied jusqu'à deux et trois pieds de diamètre et plusieurs pieds de profondeur. La plupart étaient remplis d'eau dont nous trouvâmes la température très-variable suivant qu'ils étaient ou non tapissés de gravier (voy. Chap. XV. De la température des glaciers). Dans l'un de ces creux la surface de l'eau était même recouverte d'une quantité de petits insectes noirs assez semblables à des Podures (*).

(*) M. Desor qui découvrit ces petits animaux et en recueillit plusieurs, les ayant laissé échapper en voulant les examiner, il nous fut impossible de les déterminer. Mais en ayant recueilli un très-grand nombre cette année sur le glacier inférieur de l'Aar, où je corrige cette épreuve à l'abri d'une cabane construite sur le glacier même, à environ 2,000 pieds au-dessus de la cabane de M. Hugi, dont il sera souvent question dans cet ouvrage, je puis ajouter ici que ce curieux insecte vit dans la glace même, jusqu'à plusieurs pouces de profondeur dans les petites fissures du glacier. Il me paraît constituer un genre nouveau de la famille des Thy-

L'affluent du Mont-Rose, qui nous parut être le plus large, se distingue des deux précédens par son extrême blancheur. C'est ici que se trouvent ces grands creux que nous avions vus du sommet du Riffel et que nous étions si curieux d'examiner de près. Ce sont, pour la plupart, de vastes entonnoirs, rangés sur une immense ligne qui s'étend depuis la base du Mont-Rose jusque au-delà du Riffelhorn; quelques-uns seulement sont remplis d'eau et ceux-là brillent au loin d'un magnifique azur. Les autres ont tous une issue inférieure, dans laquelle vont se perdre tantôt de petits filets d'eau, tantôt des torrens d'un volume considérable. Il me paraît incontestable que ces creux doivent leur origine à l'eau qui coule à la surface du glacier; car je ne connais aucun autre glacier dont la surface soit sillonnée d'un aussi grand nombre de petites rigoles. Voici comment les choses se passent très-probablement : il suffit que deux ou trois filets d'eau au cours mobile et changeant se rencontrent; par l'effet de leur température plus élevée que celle de la glace et à l'aide du gravier que quelques-uns charrient, ils déterminent un creux; pour peu qu'il fasse quelques jours chauds consécutifs et que ces diverses rigoles continuent à suivre la même direction, les creux grandissent et s'évasent de plus

sanoures, que je décrirai plus tard, lorsque j'aurai à ma disposition les ouvrages et les collections nécessaires pour cela.

en plus, et dès qu'ils trouvent une issue dans quelque caverne, la masse d'eau, qui s'était accumulée dans le creux, se précipite sous le glacier. Nous avons vu de ces entonnoirs qui avaient plus de trente pieds de diamètre et dans lesquels venaient s'engouffrer de véritables torrens. Il est impossible d'imaginer un plus beau spectacle que celui de pareilles rivières coulant ainsi dans des parois de glace et allant se perdre à grand bruit dans l'intérieur du glacier.

Ce qui tendrait à prouver que c'est de la manière que je viens d'indiquer que ces creux se forment, c'est qu'ils n'ont aucune espèce de fixité; ils varient d'une année à l'autre, et il paraîtrait, au dire des habitans de la vallée, que, pendant telle année, il y en a beaucoup et, pendant telle autre, peu. Mais comment se fait-il, me demandera-t-on, que de pareils phénomènes ne se rencontrent pas aussi habituellement ailleurs? Sans prétendre résoudre cette question d'une manière absolue, je pense que cela tient essentiellement à la position même du glacier. Placé au milieu de cette grande mer de glace, dont l'inclinaison est très-faible, le glacier du Mont-Rose, à raison même de cette position, ne peut avoir de nombreuses crevasses; car, ainsi que nous le démontrerons plus bas, les crevasses affectent de préférence les rapides et les bords du glacier. La glace qui fond (et nous venons de voir que la masse d'eau qui s'accumule à la surface du glacier du Mont-Rose est très-considérable) doit donc nécessairement se frayer elle-même une issue, à défaut de crevasses ; et cela lui est d'autant plus facile que la glace de ce glacier n'a pas encore acquis en cet endroit la compacité et la dureté qu'elle a plus bas. Il est très-probable aussi que les flaques d'eau qui se forment aux points de jonction des glaciers du Gornerhorn et du Mont-Rose, contribuent à augmenter le nombre de ces entonnoirs et surtout à les rendre aussi considérables. Le glacier de la Porte-blanche a bien aussi quelques entonnoirs au-dessus de l'endroit où nous l'avons traversé, mais ils sont moins vastes, et si dans le dessin de pl. 1 et 2 ils paraissent être d'une certaine étendue, c'est parce qu'ils sont beaucoup plus rapprochés de l'arête d'où le panorama est dessiné que ceux du glacier du Mont-Rose.

J'ai observé des torrens semblables sur le glacier inférieur de l'Aar, qui sont assez volumineux lorsqu'il a plu, ou que la fonte de la surface est considérable ; mais comme ils rencontrent souvent des crevasses, ils s'y précipitent, en formant de magnifiques cascades, qui donnent lieu à autant de couloirs verticaux.

CHAPITRE V.

DE LA COULEUR DES GLACIERS.

Aucun glacier n'est parfaitement blanc; vus de loin, ils ont généralement une légère teinte bleuâtre ou verdâtre, qui contraste agréablement avec la couleur souvent très-sombre des rochers environnans; et comme cette teinte est toujours plus intense sur les parois des aiguilles et dans l'intérieur des crevasses qu'à la surface, il en résulte que les glaciers les plus crevassés sont aussi ceux qui font le plus bel effet pittoresque. Le glacier de Rosenlaui, vu de Meiringen, et le glacier du Tour, à l'ouest du col de Balme, peuvent être comptés parmi les plus remarquables sous ce rapport.

Lorsqu'on se trouve sur le glacier même, la surface, qui n'est point recouverte par les moraines, paraît d'un blanc mat, à-peu-près comme la neige de de nos hivers, après qu'elle a séjourné quelque temps dans nos rues et sur nos places publiques. Les parties recouvertes par des débris de rochers sont au contraire parfaitement transparentes, au moins dans la partie inférieure des glaciers, et paraissent d'autant plus foncées qu'elles sont plus compactes. On dirait en plusieurs endroits un immense massif de verre sur un fond opaque.

Plus la glace est compacte et plus la couleur azurée des crevasses est intense et brillante: c'est ce qui fait que les crevasses de l'extrémité des glaciers l'emportent de beaucoup en magnificence sur celles de la partie supérieure. Lorsque les crevasses sont longitudinales à l'extrémité du glacier, on peut s'y introduire sans aucun danger. C'est ainsi que l'année dernière tous les voyageurs qui visitaient le glacier de Rosenlaui ne manquaient pas d'entrer dans une grande crevasse ouverte sur le flanc droit du glacier (*). L'imagination ne saurait rien imaginer de plus riche que le bleu de ces parois.

A mesure que l'on remonte le glacier et que la glace diminue de compacité, les teintes perdent insensiblement de leur intensité, le bleu des crevasses devient moins foncé et plus mat; quelquefois aussi il se transforme en un vert tendre d'une rare beauté: cette dernière couleur affecte de préférence les parois de ces

(*) Il paraît que cette crevasse se reproduit invariablement au même endroit. Je l'ai retrouvée cette année aussi belle que l'année dernière; et l'on m'a assuré qu'elle avait à-peu-près la même forme, il y a plusieurs années.

lits de ruisseaux que nous avons déjà mentionnés plus haut comme l'un des plus beaux phénomènes des glaciers. Au grand glacier de Zermatt, ces ruisseaux, dont quelques-uns sont très-considérables, coulent généralement dans un lit qu'on dirait taillé dans un massif de béryl, tandis que le fond des crevasses voisines est souvent d'un beau bleu de ciel. Peut-être l'eau de ces ruisseaux exerce-t-elle ici quelque influence qui aura échappé à l'observation.

Quoi qu'il en soit de cette différence, toujours est-il que, pour être affectée d'une teinte quelconque, soit bleue, soit verdâtre, il faut que la glace ait atteint une certaine compacité : c'est là la raison pour laquelle le névé proprement dit, lorsqu'il est à l'état parfaitement grenu, ne présente aucune de ces teintes ; il est blanc comme de la neige. D'un autre côté le glacier prend une teinte généralement plus bleue lorsqu'il pleut que lorsque le temps est serein et l'évaporation très-forte, attendu qu'alors les couches même les plus superficielles se convertissent en glace par l'effet de l'eau qui s'infiltre dans le glacier. J'ai eu l'occasion de faire cette observation plusieurs fois pendant mon séjour sur le glacier inférieur de l'Aar.

Nous sommes encore dans une ignorance parfaite quant aux causes qui déterminent ces teintes variées. Je ne sache pas même que cette question ait jamais été discutée d'une manière scientifique. L'opinion plus ou moins poétique de quelques voyageurs pittoresques, qui ne voient dans ces teintes bleues que le reflet du firmament, ne saurait être prise en considération. Il suffit d'avoir vu des glaciers conserver pendant plusieurs jours consécutifs leur belle couleur par un ciel couvert, pour être assuré qu'elle est indépendante de l'azur du ciel. Tout ce que l'on peut dire à cet égard, c'est qu'elle est moins brillante par les jours sombres que par les jours sereins. D'ailleurs comment expliquerait-on un reflet *vert* de l'azur du firmament?

Les teintes des glaciers sont donc des teintes naturelles, inhérentes à la nature même de leur glace, et elles sont, comme nous l'avons dit, d'autant plus intenses, que la glace est plus compacte et forme des masses plus considérables : c'est même une condition essentielle pour la rendre appréciable; car un fragment de glace détaché des parois d'une crevasse où les teintes sont très-intenses sera parfaitement incolore, absolument comme un verre d'eau puisé dans un de nos lacs suisses.

Il est évident que ces teintes sont le résultat d'influences locales, car autrement elles devraient être uniformes dans tous les glaciers : au lieu de cela nous avons vu qu'elles varient considérablement dans leurs nuances, absolument comme les rivières, les fleuves et les lacs, mais avec cette différence, que l'on peut assigner diverses causes aux variations de ces derniers, telles que la nature des plantes qui croissent sur leurs bords ou même sur leur fond, tandis qu'il n'en est pas de même à l'égard des glaciers. Ici tout est en quelque sorte primitif, car par eux-mêmes les glaciers ne favorisent point le développement des êtres organisés, à l'exception de quelques plantes et de quelques animalcules microscopiques, qui forment ce que l'on appelle vulgairement la neige rouge.

La neige rouge ne fait pas proprement partie de la glace des glaciers : c'est un corps étranger qui se développe à sa surface, et qui, scientifiquement parlant, n'a pas plus de rapport avec le massif des glaces que les plantes et les animaux n'en ont avec les couches minérales de la terre. Mais comme, de tout temps, les naturalistes ont signalé ce phénomène comme l'un des plus curieux que présentent les glaciers, je vais entrer dans quelques détails à cet égard.

Saussure (*) est à ma connaissance le premier qui ait signalé la neige rouge dans les Alpes : il en recueillit à plusieurs reprises sur le Mont-Bréven et sur le St Bernard, et les expériences auxquelles il la soumit le conduisirent à penser que ce pourrait bien être une matière végétale, et vraisemblablement une poussière d'étamine. Il observe qu'elle ne se voit nulle part à une hauteur de plus de 1440 toises au-dessus de la mer, et qu'elle n'existe qu'au milieu de grands espaces couverts de neige, et dans une certaine période de la fonte des neiges.

(*) *De Saussure* Voyages dans les Alpes, § 646 et § 2116.

Depuis Saussure la neige rouge est devenue l'objet de nombreuses recherches de la part des naturalistes; mais aucun ne l'a étudiée avec autant de soin que M. Schuttleworth. Comme je ne possède pas d'observations qui me soient propres sur ce phénomène, je me bornerai à extraire l'intéressante notice que ce savant botaniste vient de publier dans le N° 50 de la *Bibliothèque universelle de Genève*, février 1840.

Après avoir passé en revue les travaux de ses devanciers, M. Schuttleworth rend compte de ses propres recherches de la manière suivante :

Le 25 août de cette année (1839), me trouvant à l'hospice du Grimsel, j'appris que quelques couches de neige dans le voisinage de l'hospice commençaient à se teindre en rouge. Il avait fait très-mauvais temps pendant quelques jours, il était même tombé une grande quantité de neige, qui cependant commençait à céder à l'influence d'une température plus douce et à des pluies chaudes. Le 24 avait été un jour de dégel et de brouillards, et le 25 le ciel était clair, la température agréable et même chaude au soleil; le faible vent qu'il faisait n'était pas froid. Je me hâtai donc de me transporter sur les lieux, accompagné de mon ami le Dr Schmidt et de MM. Muehlenbeck, Schimper, Bruch et Blind, naturalistes alsaciens distingués, dont l'arrivée au Grimsel, ce jour-là même, m'avait causé une agréable surprise.

C'était dans des endroits où la neige ne se fond jamais entièrement que se trouvaient les couches où la neige rouge commençait à se former. Ces couches étaient peu inclinées, et leur exposition était vers l'est et le nord-est; leur surface était plus ou moins parsemée de petites particules de terre, qui lui donnaient cette apparence grisâtre de saleté que présente toujours la vieille neige à des hauteurs moyennes et dans les positions où elle est dominée par du terrain plus élevé. La surface était de même sillonnée et légèrement creusée par l'effet du vent et de l'écoulement des eaux produites par le dégel partiel de la surface, dégel singulièrement favorisé par la grande absorption de chaleur dans les particules terreuses. Par-ci par-là on remarquait des taches roses ou couleur de sang très-pâle, d'une forme et d'une étendue indéterminée, surtout plus prononcées dans les sillons et au fond des creux. La nature de la vieille neige étant toujours plus ou moins grossièrement granuleuse, la matière colorante était contenue dans les intervalles des grains; ce qui donnait à la surface, vue de près, une apparence marbrée. Les taches colorées s'étendaient sous la surface de la neige jusqu'à une profondeur de quelques pouces, souvent même presque d'un pied; quelquefois la couleur était plus prononcée à la surface, mais d'autres fois son intensité était plus forte à une profondeur de quelques pouces. Là où des rochers ou des pierres avaient formé des puits dans la neige, les côtés perpendiculaires de ces puits étaient aussi colorés à une profondeur de plusieurs pieds; mais la matière colorante ne pénétrait qu'à une très-petite profondeur dans la substance de la neige, qui devenait de plus en plus compacte à mesure qu'elle était plus éloignée de la surface.

Une quantité suffisante de la neige ainsi colorée ayant été ramassée et placée dans des vases de faïence pour la faire dégeler, j'attendis avec impatience le moment où je pourrais l'examiner au microscope. A mesure que la neige se fondait, la matière colorante se déposait peu-à-peu sur les côtés et le fond des vases, sous la forme d'une poudre rouge-foncé, ce qui rendait déjà improbable l'existence d'une matière gélatineuse ; et au bout de deux à trois heures d'attente, la neige étant en partie fondue, j'en transportai une partie sous un microscope qui me donnait des grossissemens de 300 diamètres.

Ne m'attendant à y voir que des globules inanimés de *Protococcus*, je fus très-étonné de trouver qu'elle était composée de corps organisés de forme et de nature diverses, dont une partie était des végétaux, mais dont le plus grand nombre, doué des mouvemens les plus vifs, appartenait au règne animal. La couleur de la plus grande partie d'entre eux était d'un rouge vif, tirant, tantôt sur la couleur du sang, tantôt sur le cramoisi, ou d'un rouge brunâtre très-foncé et presque opaque. Mais outre ces corps colorés, il y en avait d'autres également organisés, incolores ou grisâtres, dont les plus grands, évidemment de nature animale, étaient en si petit nombre, que je soupçonnai que leur présence était accidentelle, tandis qu'il y avait un nombre infini de très-petits corps sphériques incolores, de nature évidemment végétale, qui remplissaient tous les espaces non occupés par les autres.

Comme les infusoires surpassaient de beaucoup les algues en nombre, je commencerai par eux la description des organismes qui constituent la neige rouge.

1. Les corps les plus frappans et qui, par leur grand nombre et leur couleur foncée, produisaient en grande partie la teinte rouge de la neige, étaient de petits infusoires de forme ovale, de couleur brun-rougeâtre très-foncé, et presque opaques. Mesurés au micromètre, leur plus grand diamètre était d'environ $^1/_{50}$ de millimètre, et leur plus petit d'environ $^1/_{150}$. Ils traversaient le champ de vision avec une vitesse étonnante et dans toutes les directions. Quoique le plus grand nombre fussent parfaitement ovales avec des bouts arrondis, il y en avait en forme de poire, c'est-à-dire, dont un des bouts était arrondi et obtus, tandis que l'autre était aminci, en pointe et selon l'apparence obliquement tronqué. Les premiers avaient un mouvement horizontalement progressif, tandis que les autres, s'arrêtant souvent au milieu de leur course, tournaient rapidement pendant un instant sur leur bout pointu, sans changer de place. Dans quelques-uns des infusoires de la forme ovale, j'observai, vers un bout ou vers le centre, deux petites places ovales, rougeâtres et presque transparentes, que je regardai comme des estomacs, d'après Ehrenberg. Je ne pus distinguer aucun autre signe d'organisation, et de retour chez moi, où j'ai pu consulter l'ouvrage d'Eh-

renberg sur les infusoires, je n'ai point hésité à les regarder comme une espèce non encore décrite du genre *Astasia* Ehrenb., pour laquelle je propose le nom spécifique de *Astasia nivalis* (Cf. Ehrenb., Infus., p. 101. tab. 7, fig. 1.)

2. Parmi ces infusoires il y avait, mais en fort petit nombre, des corps beaucoup plus grands, de forme ronde ou ovale, d'un beau rouge de sang tirant sur le cramoisi, assez transparens et entourés d'un bord ou membrane incolore. Leur dimension variait de $^1/_{12}$ à $^1/_{50}$ de millimètre. Quoique je n'aie pu observer aucun mouvement ou trace d'organisation intérieure, je n'ai point de doute que ce ne soient des animaux infusoires, et je les regarde comme devant faire une nouvelle espèce de la famille des *Volvociens* et du genre *Gyges* de Bory et Ehrenberg (Cf. Ehrenb., Infus. p. 51. tab. 2, f. 31), à laquelle je donne le nom de *Gyges sanguineus*. Je suis porté à croire que Greville a eu sous les yeux des infusoires pareils, peut-être de la même espèce : il les a figurés Scot. crypt. Flor. vol. 4. tab. 231, fig. 8, et fig. 5 et 6 en partie. Si je comprends bien le passage où M. de Candolle décrit la neige rouge envoyée par M. Barras du St-Bernard, il paraît que ce naturaliste célèbre a aussi observé ces animaux; et la même forme se retrouve évidemment dans un dessin colorié que le Dr Schmidt a fait au Grimsel en 1827.

3. Il se trouvait aussi, en petit nombre, d'autres corps bien plus petits, parfaitement sphériques et d'une belle couleur de sang, quoique peu transpa-

rens. Vus en certaines positions, ils présentaient à un des bords une petite fente ou ouverture très-étroite. Leur diamètre était d'environ $^1/_{100}$ de millimètre. Ils avaient un mouvement progressif en cercles, pendant lequel ils tournaient en même temps sur leur axe. Je ne sais à quel genre d'infusoires établi par Ehrenberg je dois rapporter cet animal. D'après les descriptions de plusieurs auteurs qui donnent des dimensions très-diverses aux globules du *Protococcus nivalis*, et d'après le dessin déjà mentionné du Dr Schmidt, je ne doute pas que cet organisme n'ait été regardé comme de petits globules du *Protococcus.*

4. Parmi les autres infusoires j'ai observé, mais très-rarement, des corps parfaitement sphériques, d'une couleur cramoisie très-foncée, un peu transparens à leur bord et entourés d'une membrane incolore. A une place déterminée, vers le bord, la masse colorante offrait une ouverture transparente et presque incolore, en forme de demi-lune, qui communiquait avec le bord membraneux. Leur diamètre était d'environ $^1/_{30}$ de millimètre. Je n'ai remarqué en eux aucun mouvement, et je ne sais à quel genre les rapporter, quoique, de même que les précédens, ils appartiennent probablement au groupe des *Volvociens.*

Outre ces infusoires, qui contribuaient à colorer la neige en rouge, il y en avait encore quelques autres incolores ou grisâtres. Comme je ne les ai vus que très-rarement, il est possible qu'ils s'y trouvassent accidentellement.

5. Un infusoire de forme ovale, incolore et trans-

parent, renfermant vers une de ses extrémités une masse granuleuse grisâtre. Son plus grand diamètre était d'environ 1/8 de millimètre ; le plus petit d'environ 1/20.

6. Quelques corps plus petits, sphériques ou légèrement ovales, incolores, transparens à leur bord, contenant de même une masse grisâtre indistinctement granuleuse, et d'un diamètre d'environ 1/100 de millimètre. Cette forme a surtout de la ressemblance avec la *Pandorina hyalina* d'Ehrenberg (l. c. p. 54. tab. 2, f. 34).

7. Enfin, j'ai observé un seul individu incolore et transparent, apparemment composé de deux globules sphériques soudés ensemble, sans aucune trace de contenu ou d'organisation quelconque. Le diamètre d'un des globules pouvait avoir environ 1/200 de millimètre au plus. Il ne serait pas impossible que cette forme dût être rapportée à la *Monas gliscens* d'Ehrenberg (l. c. p. 13. tab. 1, fig. 14). Dans ces trois infusoires incolores, je ne saurais affirmer avoir vu du mouvement.

Après avoir décrit aussi bien que je puis le faire les organismes que je crois devoir rapporter au règne animal, il me reste à décrire la véritable algue de la neige rouge et une autre incolore, qui se trouve dans bien d'autres situations, et qui, à ce que je crois, a donné lieu à bien des erreurs dans les descriptions du *Protococcus nivalis*.

8. J'ai observé en petit nombre, mais toujours, des globules sphériques d'une couleur rouge de sang

assez brillante, évidemment remplie d'une masse granuleuse, et par conséquent d'une imparfaite transparence. Ils avaient tous à-peu-près les mêmes dimensions, leur diamètre étant de $^{9}/_{500}$ à $^{1}/_{50}$ de millimètre. Je ne leur ai vu ni matrice gélatineuse, ni bord membraneux, ni mouvement quelconque : quand on les écrasait, ils laissaient échapper leur matière colorante sous forme de granules infiniment petits et très-nombreux, et il ne restait que la membrane déchirée et incolore. Ce même effet était produit par l'évaporation de l'eau sous le microscope. C'était le *Protococcus nivalis* d'Agardh. Ce naturaliste n'avait pas vu les granules intérieurs, faute d'avoir employé des grossissemens assez forts.

9. Au milieu et autour de tous ces corps, tant animaux que végétaux, il y avait une foule incalculable de très-petits globules sphériques, incolores, libres ou réunis en groupes, sans aucune trace de mouvement ou de contenu quelconque. Leur diamètre n'était au plus que de $^{1}/_{500}$ de millimètre. Quand on isolait des autres un des plus gros corps, une quantité considérable de ces petits globules se rangeaient alentour en prenant souvent une apparence filamenteuse, articulée ou cellulaire. A mesure que l'eau contenue entre deux plaques de verre s'évaporait, le même effet continuait à se produire, la structure primitive devenant peu-à-peu méconnaissable ; humectés de nouveau, ces corps ne la reprenaient qu'imparfaitement. C'était le *Protococcus nebulosus* Kützing (Linnæa 1833, p. 365. tab. 3, f. 21). Je ne doute pas que ce ne soit

à cet organisme que doivent se rapporter les petits globules incolores observés par Bauer, et d'autres qui flottent à la surface de l'eau ; et je ne doute pas davantage que, dans bien des cas, ce ne soient ces petits globules, devenus méconnaissables par l'effet de la dessiccation et de la décomposition, et mêlés avec les restes incolores des globules du *Protococcus nivalis*, qui ont fait croire à bien des naturalistes à l'existence nécessaire d'une matrice ou substratum gélatineux.

Je dois remarquer que c'est vers quatre heures du soir, par un temps défavorable, que j'ai fait les observations précédentes, et que l'obscurité m'a obligé d'attendre le lendemain pour en faire un dessin. A onze heures du soir même, la neige renfermée dans les vases n'était pas encore entièrement fondue. Le matin suivant, de bonne heure, je la trouvai complètement fondue, et la matière colorante était déposée au fond des vases : le microscope me fit voir ensuite que toute vie y avait cessé, et les globules de *Protococcus* ne pouvaient se distinguer des infusoires mentionnés au N° 3, que par leur couleur plus claire, leur plus grande transparence et leur contenu évidemment granuleux.

Ce fait si remarquable, non pas même encore soupçonné jusqu'à présent, de l'existence, dans la neige, d'un nombre infini d'êtres microscopiques et évidemment animaux, à une température rarement élevée de plus de quelques degrés au-dessus de zéro, et souvent bien au-dessous probablement, nous montre combien il nous reste encore à découvrir dans ce monde, nouveau pour ainsi dire, dont les limites s'étendront à mesure que nos microscopes deviendront plus parfaits.

L'extrême sensibilité de ces infusoires à l'action de la chaleur, par laquelle ils succombent à une température de peu de degrés plus élevée que celle de la surface de la neige; peut-être même leur impuissance à supporter tout déplacement, toute secousse, telle est, je pense, la cause pour laquelle leur coexistence comme partie colorante de la neige rouge est restée jusqu'à présent ignorée. Je n'ai nullement l'intention d'avancer que les infusoires décrits ci-dessus se trouvent toujours en aussi grand nombre comme partie colorante de la neige rouge (dans mes observations les globules du *Protococcus nivalis* étaient aux infusoires à-peu-près dans la proportion de 5 ou 10 à 1000); au contraire, il me paraît probable que le nombre des globules de Protococcus surpasse souvent celui des infusoires.

En comparant avec les miennes les observations des autres auteurs, il me paraît clair que Bauer surtout et Unger ont décrit comme matrice gélatineuse les restes incolores des *Protococcus nivalis* et *nebulosus*; car, en ce qui concerne nos Alpes du moins, la distribution générale de la matière colorante dans la substance de la neige à des profondeurs considérables, et sa déposition graduelle sur les bords et au fond des vases à mesure que la neige se fond, prouvent, selon moi, qu'il ne peut y avoir de substratum quelconque à l'état frais.

Quant à la reproduction des flocons de cette même matrice gélatineuse et filamenteuse, et au développement de nouveaux globules organisés incolores, observés par Bauer, je ne doute pas qu'il n'eût affaire à des organismes tout-à-fait nouveaux et indépendans de la neige rouge. Car aucun observateur, pour peu qu'il se soit occupé de l'étude des organismes microscopiques, tant du règne végétal que du règne animal, ne peut ignorer avec quelle vitesse se développent les espèces de *Hygrocrocis*, *Protococcus*, etc., d'un côté, et les *Monas* et autres infusoires de l'autre; ce qui me fait croire que le *Protococcus nebulosus* aurait bien pu se développer pendant le peu de temps que la neige se trouvait dans les vases pour fondre, sans avoir coexisté auparavant avec les autres organismes de la neige rouge.

Il me paraît donc nécessaire de distinguer les différentes algues qui ont été confondues sous le nom de *Protococcus nivalis*; et comme, d'après mes observations, les diagnoses des genres ne me semblent plus satisfaisantes, je vais essayer d'en proposer d'autres, en commençant par l'organisation la plus simple.

Protococcus Agardh. Syst. Alg. p. XVII. Globuli liberi sporulis repleti. *Protococcus nivalis* Ag. l. c. p. 13. icon. Alg. eur. n° et tabl. 21. — Pr. nivalis, tabula nostra f. 2. — Uredo nivalis, Bauer l. c. Nees ab Esenb. in Brown's verm. Schrift. I. p. 578 cum icone, excl. f. 9.

Le caractère de ce genre exclura, quant à nos connaissances actuelles, une grande partie des autres espèces qu'on y fait rentrer, comme le Protococcus nebulosus Kütz. l. c. et figure 10 de notre planche; mais je ne doute pas que de plus forts grossissemens ne fassent voir des sporules intérieurs.

Hæmatococcus Agardh. Ic. Alg. eur. n° et tab. 22 et 24. Globuli liberi sporidia sporulis repleta includentes. *Hæmatococcus sanguineus* Ag. l. c. n° et tab. 24. — Microcystis sanguinea Kütz. in Linn. 1833. p. 372. — Protococcus nivalis Corda in Sturm D. Fl. et Kütz.

La plante écossaise, figurée et décrite par Greville, est aussi placée dans ce genre par Agardh, sous le nom de *Hæmatococcus Grevilli*, à cause des gros granules qu'elle contient. Ces granules, à en juger d'après le Hæmatococcus Noltii, déjà mentionné, que j'ai examiné à l'état frais, doivent être des *sporidia*, c'est-à-dire, non des *sporules*, mais des *thecæ*, dans lesquelles les véritables sporules sont contenus, comme dans le genre *Hæmatococcus*, ainsi que je le désigne. Mais la présence d'un substratum gélatineux (au sujet de laquelle, en vertu de la confiance que m'inspirent les observations de mon ami le Dr Greville, j'ai de la peine à nourrir quelque doute), doit naturellement l'exclure de ce genre, et lui assigner une place plus élevée dans le système. Très-voisine des *Palmella*, elle se distinguera de ce genre, principalement en ce que les globules sont extérieurs et non renfermés dans la gélatine. Pour ce genre je proposerai donc le nom de : *Gloiococcus* Shuttl. *Globuli massæ gelatinosæ affixi, sessiles, sporidia sporulis repleta includentes.*

Gloiococcus Grevilli Shuttl. — Protococcus nivalis Grev. Scol. crypt. flor. n° et tab. 231. excl. syn. — Hæmatococcus Grevilli Ag. icon. Alg. eur. n° et tab. 23. — Microcystis Grevilli Kütz. Lin. 1833. p. 372.

Je ne sais si la figure 9 de la planche de Bauer appartient à cette dernière description ; mais c'est d'autant plus probable que Harvey regarde la plante des régions polaires comme identique avec la plante écossaise, et que je suis porté à croire que la *Palmella nivalis* de Hooker l. c. se rapporte ici en grande partie (*).

M. Hugi décrit, en outre la neige rouge, un organisme d'une nature problématique, qu'il dit avoir observé en 1828 et en 1829 sur le glacier de l'Aar, au bord de la neige fondante. C'étaient des masses sem-

(*) Ayant eu mainte occasion d examiner la neige rouge cet été, j'y ai reconnu plusieurs formes nouvelles d'êtres organisés qui ne sont point mentionnés dans la notice de M. Shuttleworth, et je me suis en même temps convaincu que plusieurs de ces formes sont les différens états de développement du même animal. Le fait le plus important que nous ayons observé, c'est que la neige rouge renferme également des Rotifères. Le *Philodina roseola* Ehr. s'y trouve fréquemment, et ses œufs forment une partie essentielle de la neige rouge. Le *Protococcus nivalis* ne nous a paru formé que d'œufs d'infusoires. M. le Dr Vogt qui a observé ces animaux avec le plus grand soin pendant plusieurs jours consécutifs, les a tous dessinés sur le frais et publiera plus tard en détail ses observations sur ce sujet.

blables à des Trémelles, d'un jaune vif foncé, de la grandeur de la main, d'un demi-pouce d'épaisseur, qui se décomposaient au toucher et se transformaient rapidement en une masse vaseuse noirâtre. Personne n'a observé, depuis, cette singulière végétation, à la décomposition de laquelle M. Hugi attribue les petits enfoncemens circulaires que l'on observe en si grand nombre sur le glacier de l'Aar. (*)

(*) J'ai retrouvé cette neige jaune sur le glacier inférieur de l'Aar, à plusieurs reprises, dans le courant du mois d'août 1840, et je me suis convaincu qu'elle n'est due qu'à la décomposition des roches des moraines et qu'elle ne présente aucune trace d'organisation.

CHAPITRE VI.

DES CREVASSES DES GLACIERS.

Tous les glaciers ont des crevasses : ce sont pour la plupart d'énormes fissures qui tantôt traversent la masse de glace de part en part, tantôt ne pénètrent que jusqu'à une certaine profondeur. Elles sont généralement connues par l'effroi qu'elles inspirent; et l'on se raconte à ce sujet une foule d'histoires plus ou moins tragiques de voyageurs et de chasseurs qui disparurent dans ces gouffres. Quelques-unes sont vraies, la plupart sont controuvées. Dans certaines circonstances les crevasses peuvent, il est vrai, offrir des dangers très-réels, même au montagnard qui a l'habitude des glaciers ; mais ces dangers sont en quelque sorte compensés par la magnificence du spectacle qui les accompagne ; car rien n'est beau comme l'éclat du ciel réfléchi par leurs parois d'azur.

La fréquence, la forme, les dimensions et la disposition des crevasses varient à l'infini dans les divers glaciers et même dans les diverses parties d'un seul et même glacier. Cette variété dépend essentiellement de l'inclinaison plus ou moins considérable du fond de la vallée. Mais ici encore il faut distinguer entre la partie supérieure des glaciers et la partie inférieure. Dans la partie supérieure, là où la glace est fort peu compacte ou seulement à l'état de névé, les crevasses sont généralement moins nombreuses et surtout moins irrégulières que dans la partie inférieure : c'est ce qui fait que les névés, quoique en général plus escarpés que les glaciers proprement dits, sont cependant bien moins accidentés à leur surface. Il suffit pour s'en convaincre de comparer les Pl. 1 et 2, qui représentent les divers glaciers qui descendent des cîmes du Mont-Rose, avec le glacier de Viesch représenté Pl. 10, ou même avec la partie inférieure du glacier de Zermatt, telle qu'elle est représentée dans notre Pl. 4. Les premiers présentent une surface à-peu-près unie comparativement à celle du glacier de Viesch qui cependant est bien moins incliné. Cette différence résulte, ainsi que nous l'avons dit, de la structure de la glace elle-même. La glace des régions supérieures est plus élastique que celle des régions inférieures, par cela même qu'elle contient plus d'air ; elle peut par conséquent se dilater jusqu'à un certain point sans se crevasser. Plus bas au contraire la glace se crevasse d'autant plus facilement qu'elle acquiert plus de compacité par suite de l'infiltration et de la congélation continuelle de l'eau dans les fissures capillaires.

Lorsque les crevasses pénètrent de part en part, elles peuvent servir à déterminer approximativement l'épaisseur du glacier. J'en ai mesuré à la mer de glace du Montanvert qui avaient jusqu'à 60 et 80 pieds de profondeur. M. Hugi dit en avoir mesuré une au glacier inférieur de l'Aar qui avait 120 pieds de profondeur. Leur largeur est très-variable ; de Saussure dans son voyage au Mont-Blanc en observa une qui avait plus de cent pieds de large et dont on ne voyait le fond nulle part (*). Je n'en ai jamais vu d'aussi larges ; mais j'en ai rencontré souvent qui avaient vingt et trente pieds. Dans les endroits où le glacier est peu incliné, la plupart des crevasses se laissent enjamber. Lorsque cela ne se peut pas, on est obligé de les contourner ou de les franchir avec des échelles, à moins qu'un pont naturel de neige n'en facilite le passage, ce qui arrive assez souvent.

Les crevasses sont toujours dangereuses, lorsque des neiges récemment tombées en cachent les abords ou lorsque le soleil vient à ramollir les couches supérieures qui ne sont pas encore transformées en glace. En général on ne saurait assez prévenir les voyageurs contre les inconvéniens de la neige durcie,

(*) *De Saussure.* Voyage dans les Alpes. Tom. IV. p. 160.

qui recouvre parfois ces glaciers ; car quelque résistante qu'elle paraisse, il suffit souvent de peu d'heures pour la ramollir complètement. Saussure faillit périr plusieurs fois dans de pareilles circonstances. Voici comment il raconte les dangers qu'il courut au glacier des Pélerins.

« J'entre sur la glace à midi et trois quarts ; la « neige qui la couvre, durcie par le froid de la nuit, « puis un peu ramollie par le soleil, a justement la « consistance qu'on lui désire ; nous rencontrons « quelques crevasses, mais nous passons dans leurs « intervalles, et en 24 minutes nous arrivons au pied « du roc. Après avoir fait en 18 minutes mes obser- « vations barométriques, je repars très-satisfait à « 1 heure 35 minutes. Pendant cet intervalle le soleil « a été très-ardent ; je m'en réjouissais d'abord, parce « que je craignais qu'à la descente, ces pentes rapides « ne se trouvassent un peu glissantes, lorsque tout- « à-coup la neige s'enfonce sous mes deux pieds à la « fois : le droit qui était en arrière ne porte plus sur « rien, mais le gauche appuie encore un peu sur la « pointe et je me trouve moitié assis, moitié à cheval « sur la neige. Au même instant, Pierre (l'un des « guides), qui me suivait immédiatement, s'enfonce « aussi à-peu-près dans la même attitude, et me crie, « au moment même, de la voix la plus forte et la plus « impérieuse : *ne bougez pas, Monsieur, ne faites pas le « moindre mouvement*. Je compris que nous étions sur

« une fente de glace et qu'un mouvement fait mal-à-
« propos pouvait rompre la neige qui nous soutenait
« encore. L'autre guide qui nous précédait d'un ou
« deux pas, et qui ne s'était point enfoncé, demeura
« fixe dans la place où il se trouvait : Pierre, sans
« sortir non plus de sa place, lui cria de tâcher de
« reconnaître de quel côté courait la fente et dans
« quel sens était sa moindre largeur ; mais il s'inter-
« rompait à chaque instant pour me recommander de
« ne faire aucun mouvement. Je lui protestai que je
« resterais parfaitement immobile, que j'étais absolu-
« ment calme, et qu'il n'avait qu'à faire, comme moi,
« avec tout le sang-froid possible, l'examen des
« moyens de sortir de cette position. J'avais besoin
« de lui donner cette assurance, parce que je voyais
« ces deux guides dans une si grande émotion, que
« je craignais qu'ils ne perdissent la tête. Nous ju-
« geâmes enfin que la route que nous suivions au
« moment de notre chute coupait transversalement la
« fente ; et j'en avais déjà presque la certitude en ce
« que je sentais la pointe de mon pied gauche, qui
« était en avant, appuyer contre de la neige, tandis
« que le droit ne portait sur rien du tout. Quant à
« Pierre, ses deux pieds portaient l'un et l'autre à
« faux : la neige s'était même enfoncée entre ses
« jambes, et il voyait par cette ouverture sous lui et
« sous moi le vide et le vert foncé de l'intérieur de la
« fente ; il n'était soutenu que par la neige sur la-

« quelle il était assis. Notre situation étant assez bien « reconnue, nous posâmes devant moi sur la neige « nos deux bâtons en croix ; je m'élancai en avant « sur ces bâtons ; Pierre en fit autant, et nous sor- « tîmes ainsi tous deux heureusement de ce mauvais « pas. En examinant cette fente après en être sortis, « nous jugeâmes qu'elle avait sept ou huit pieds de « largeur sur une longueur et une profondeur très- « considérables. L'immobilité que Pierre me prescri- « vait et qu'il observa lui-même était parfaitement « raisonnée : dès qu'une fois la neige a soutenu, sans « se rompre, tout le poids du corps et tout l'effort de « sa chute, il est clair qu'elle a la force de le porter, « et qu'ainsi on peut rester en place sans aucun « danger ; au lieu qu'en s'agitant mal-à-propos, on « peut la rompre ou même se jeter du côté de la « longueur ou de la plus grande largeur de la fente. » (Voyage dans les Alpes. T. II. p. 69 et 70.)

J'ai cité cet exemple de l'illustre historien des Alpes, parce qu'il est exempt de l'exagération dont sont entachés la plupart des récits de ce genre. Mais je ne saurais me ranger de son avis lorsqu'il conclut de l'absence d'un enfoncement au-dessus d'un aussi grand vide, que « la fente n'existait point ou n'avait du « moins qu'une largeur infiniment petite dans le mo- « ment où la neige tombait ; mais qu'elle s'est formée « ou que ses parois se sont écartées peu-à-peu depuis

« que la neige a pris quelque consistance » (*). Il est bien plus naturel d'admettre que ces crevasses se sont recouvertes d'un toit de neige par le seul effet de leur force d'adhérence ; car il n'est pas rare de rencontrer dans les Alpes des parois de neige qui surplombent de cinq à six pieds et même davantage le rocher sur lequel elles reposent. Il me semble au contraire que si la crevasse était survenue ou s'était élargie postérieurement à la chute de la neige, comme le veut de Saussure, celle-ci devrait être fissurée ou s'être enfoncée.

Dans les glaciers simples les crevasses s'étendent souvent sur toute la largeur du glacier ; mais elles sont en général moins larges au milieu que sur les bords. Il n'en est pas de même des glaciers composés. Lorsqu'ils ne sont pas confondus par un long trajet, il peut arriver que leurs crevasses ne correspondent en aucune manière. Le glacier de Zermatt pourra encore ici nous servir d'exemple. L'affluent de la porte blanche et en partie celui du Gornerhorn sont régulièrement sillonnés de crevasses ; tandis que l'affluent du Mont-Rose en a bien moins et de bien moins régulières (**).

(*) *De Saussure.* Voyage dans les Alpes. Tom. II. p. 70.

(**) Il suffirait de ce seul fait pour renverser toute la théorie de M. Godeffroy du mouvement des glaciers et de la formation des moraines, alors même que l'observation directe ne nous aurait pas appris comment ces phénomènes se passent.

Jusqu'ici l'on s'est fort peu occupé des causes qui déterminent la formation des crevasses. M. Hugi (*) les attribue à une tension excessive résultant des alternances de chaud et de froid qui sont si fréquentes dans ces régions ; nous verrons plus tard que c'est bien ainsi que se forment les fissures capillaires dont la masse entière du glacier est affectée. Mais on ne saurait expliquer de la même manière la formation des grandes crevasses qui supposent une action moins régulière. Je pense que c'est essentiellement dans la différence de température qui règne dans les différentes couches de glace qu'il faut chercher l'explication du phénomène des crevasses. Il résulte en effet des expériences que j'ai faites à cet égard au glacier inférieur de l'Aar (voy. le Chap. XV De la température des glaciers), que la température va en décroissant de haut en bas. Supposons que la température, comme cela arrive quelquefois, ne tombe pas au-dessous de $+ 1^{\circ}$ pendant la nuit, et qu'en même temps la couche de glace qui est à 8 pieds de la surface descende au-dessous de 0°, l'eau qui se sera infiltrée pendant le jour dans les fissures capillaires de cette dernière couche devra se congeler ; en se congelant elle se dilatera, et comme la couche supérieure ne se sera pas congelée et n'aura par conséquent pas subi la même dilatation, elle se fendil-

(*) *Hugi*, Naturhistorische Alpenreise, p. 354.

lera par suite de l'accroissement de volume qu'aura éprouvée la couche sous-jacente en se dilatant. L'observation m'a encore appris que la surface du glacier peut être beaucoup plus froide que sa masse intérieure à quelques pieds de profondeur ; ce qui doit également déterminer des tensions inégales dans la glace et occasionner des fissures. J'ai vu ainsi à plusieurs reprises la surface du glacier inférieur de l'Aar fendillée dans tous les sens. La plupart de ces fissures n'ont pas un pouce de large ; quelquefois même elles sont si étroites qu'on a de la peine à les distinguer, quoique elles pénètrent à plusieurs pieds de profondeur. Mais dès que le glacier vient à traverser des endroits inclinés, les fissures qui étaient transversales s'élargissent considérablement et deviennent ces crevasses redoutables qui pénètrent souvent le massif de glace de part en part.

Dans certains cas, il peut aussi se former des crevasses sans qu'il existe des fissures antérieures ; c'est ce qui arrive lorsqu'un glacier, après avoir cheminé dans un lit très-peu incliné, rencontre tout-à-coup une dépression brusque ; il se forme aussitôt des crevasses transversales qui vont en s'élargissant de bas en haut. J'en ai vu un exemple très-frappant au grand glacier d'Aletsch. Ce glacier, dirigé du N. E. au S. O., a une pente très-douce dans toute l'étendue de son cours, et ses crevasses sont, pour la plupart, perpendiculaires à son axe longitudinal. Mais sur un point de sa rive gauche il détache un prolongement latéral qui est baigné par le lac d'Aletsch ou de Moeril, et en même temps l'on voit des crevasses se former perpendiculairement à l'axe de ce prolongement.

M. Hugi, ainsi que je l'ai fait remarquer au chapitre premier, admet deux espèces de crevasses. Les unes qu'il appelle *crevasses de jour*, ne se forment suivant lui que pendant le jour et en été ; les autres qu'il appelle *crevasses de nuit*, ne se forment que de nuit et en hiver. Les crevasses de jour sont, dit-il, toujours évasées vers la surface et se rétrécissent par en bas ; les crevasses de nuit, au contraire, sont larges en bas et rétrécies en haut. Les premières seraient, suivant lui, de beaucoup les plus fréquentes ; mais elles ne se rencontreraient pas dans les hauts névés. Pour ma part, je n'ai pas eu le bonheur de constater cette différence, quelque peine que je me sois donnée à cet effet. Toutes les crevasses que j'ai vues, jusqu'à une hauteur de 10,000 pieds étaient ou évasées à la surface, ou à parois parallèles. Il résulte aussi du récit de Zumstein que la grande crevasse du Mont-Rose dans laquelle il passa la nuit, à une hauteur de 13,128 pieds, allait en se rétrécissant de haut en bas. Les parois montraient un grand nombre de bandes de trois à quatre pouces de larges, que Zumstein envisage comme correspondant à autant de couches annuelles de neige.

J'avoue que je ne comprends pas pourquoi les crevasses des névés se formeraient de préférence en hiver et pendant la nuit, et celles du glacier en été et de jour. M. Hugi ne nous en donne pas non plus l'explication.

Les grandes crevasses ont en général une direction perpendiculaire à celle du glacier, comme par exemple dans la partie supérieure du glacier de Zermatt, représenté pl. 1 et 2. Mais comme le massif de glace chemine ordinairement plus vite près des bords qu'au centre, surtout lorsque l'inclinaison de la vallée va en augmentant, il en résulte que bientôt les crevasses prennent une forme plus ou moins arquée, comme par exemple à la partie moyenne du glacier de Zermatt (au bas de la pl. 3) et à la mer de glace au-dessous du Montanvert, où toutes les crevasses sont en forme de segment d'arc, ayant leur convexité en amont de la vallée. Cette disposition se maintient aussi long-temps que la pente n'est pas excessive ou que le glacier ne rencontre pas d'obstacle qui le dérange dans son cours. Mais si le fond de la vallée présente une dépression brusque, l'on voit aussitôt la masse entière du glacier entrer dans un désordre complet, au point qu'on ne reconnaît plus ni la direction des crevasses, ni celle des moraines : les tranches du glacier se disloquent dans tous les sens et occasionnent ainsi ces figures bizarres et irrégulières qu'on appelle les aiguilles de glace (voyez Chap. VII).

La forme de la vallée peut également exercer une action très-marquée sur les crevasses. Lorsque le glacier vient à rencontrer un rocher saillant qui l'oblige à se tourner, toutes les crevasses sont en quelque sorte refoulées latéralement; elles forment un angle de rotation plus ou moins ouvert, et de transversales qu'elles étaient, elles deviennent longitudinales.

Lorsque ce phénomène se passe à peu de distance de l'extrémité du glacier, comme c'est le cas du glacier de Zermatt (voyez pl. 5), l'on voit les crevasses se maintenir dans cette direction longitudinale jusqu'à l'extrémité du glacier. Pendant l'été de 1839 ce glacier présentait d'énormes crevasses longitudinales ou au moins obliques, à côté des crevasses transversales (voyez pl. 6). Dans la partie inférieure du glacier du Rhône, les crevasses longitudinales l'emportent de beaucoup sur les transversales, ce qui détermine cette disposition en éventail qui est d'un si bel effet, lorsqu'on examine ce glacier du haut de la Maienwand.

Nous avons déjà dit en parlant de l'aspect extérieur des glaciers, que les crevasses, de même que les autres accidens des glaciers, sont soumis à des variations très-notables; elles changent de forme, de dimension et de profondeur d'une année à l'autre, et même souvent dans des limites bien plus restreintes. Les anciennes disparaissent pour faire place à de plus récentes ; cependant leur physionomie générale dépend constamment des influences locales et en particulier de l'inclinaison du sol. Ainsi, elles montreront toujours une disposition plus ou moins régulière dans les endroits peu inclinés et seront plus ou moins bouleversées partout où la pente sera très-forte. Comp. les Pl. 1 et 2 avec la Pl. 13.

M. Hugi assure avoir vu une crevasse s'ouvrir spontanément sur le glacier inférieur de l'Aar à quelque distance de sa cabane, c'est-à-dire, en un endroit où la pente du glacier est excessivement faible. Elle parcourait en un instant des distances de dix à vingt pieds. Sa largeur était d'abord d'un pouce et demi ; mais elle se resserra ensuite de manière qu'elle n'avait pas même un pouce de large ; sa profondeur était de 4 à 5 pieds. Quelques jours plus tard M. Hugi lui trouva six pouces de large et une profondeur très-considérable (*). De Saussure (**) rapporte qu'à son retour du Mont-Blanc il fut obligé de descendre une pente de neige, inclinée de 50 degrés (***), pour éviter une crevasse qui s'était ouverte pendant son voyage.

(*) *Hugi* Naturhistorische Alpenreise, p. 356.

(**) *De Saussure* Voyage dans les Alpes, Tom. IV, p. 149.

(***) J'ai gravi cette année à la Strahleck des pentes de neige durcie et de glace qui avaient de 40° à 45° d'inclinaison.

Pendant le séjour que je viens de faire cette année (1840) sur le glacier inférieur de l'Aar, je vis plusieurs fois, le matin, des crevasses qui s'étaient formées pendant la nuit; elles avaient plusieurs pouces de large; l'une d'elle traversa même la moraine à l'endroit où était construite notre cabane, et il en résulta une dislocation d'un demi-pied dans ses parois. En traversant le névé qui recouvre les parois de la Strahleck, nous y avons rencontré de larges crevasses sur des pentes de plus de 30 degrés. La plupart étaient couvertes d'un toit de neige absolument comme celle dont parle de Saussure (voy. plus haut pag. 79); aussi plusieurs de nous s'y enfoncèrent-ils jusque sous le bras; mais comme nous étions attachés les uns aux autres, nous ne courûmes pas de bien grands dangers.

Il est une autre sorte d'ouvertures à la surface des glaciers que l'on confond ordinairement avec les crevasses, quoique elles soient d'une toute autre nature, je veux parler des *baignoires*, que j'ai déjà signalées plus haut (p. 53), en parlant de l'aspect des glaciers du Mont-Rose. Ce sont des creux de forme généralement elliptique ou arrondie, ayant quelquefois jusqu'à dix et douze pieds de long, sur une largeur de deux et trois pieds. Ils sont formés, comme les entonnoirs dont il a été question plus haut, p. 54, par les petits filets d'eau qui circulent à la surface du glacier, et qui, lorsqu'ils rencontrent un endroit déprimé, s'y accumulent et y déposent les grains de sable qu'ils charrient. Ces petites flaques d'eau ainsi tapissées de sable s'enfoncent de plus en plus dans la glace en rongeant le fond sur lequel elles reposent ; il y en a qui atteignent ainsi une profondeur de plus de vingt pieds. L'eau qui s'y est accumulée y séjourne ordinairement jusqu'à ce qu'une crevasse vienne les traverser et en facilite l'écoulement. Ces baignoires ne sont fréquentes que dans les endroits peu inclinés, où les crevasses ne sont pas nombreuses. Le glacier inférieur de l'Aar en a un certain nombre dans sa partie moyenne. Les couloirs verticaux dont il s'est agi plus haut diffèrent également des crevasses et sont dus aux cascades que forment les torrens de la surface du glacier, lorsqu'ils sont coupés dans leur cours par quelque fente. Mais comme ces torrens changent continuellement de direction, il arrive souvent que l'on rencontre des couloirs vides au milieu des crevasses, dont on ne se rendrait pas compte si l'on n'avait pas eu occasion de voir comment ils sont formés par les cascades.

CHAPITRE VII.

DES AIGUILLES DES GLACIERS.

Les aiguilles ou pyramides sont ce qui frappe ordinairement le plus dans les glaciers. Leurs formes hardies et leur reflet brillant les font apercevoir de fort loin ; et l'on ne peut s'empêcher d'un sentiment d'étonnement et d'admiration lorsqu'on les découvre pour la première fois à l'horizon.

La présence des aiguilles dans un glacier indique toujours un fond très-inégal sur une pente escarpée. L'inclinaison seule, quelque forte qu'elle soit, n'est pas susceptible de donner lieu à des aiguilles, aussi longtemps que le fond du glacier est uni ; elle ne détermine que des crevasses plus ou moins béantes. J'ai vu plusieurs affluens du glacier inférieur de l'Aar, dont l'inclinaison était de plus de 30° et dont la surface n'offrait pas moins un niveau très-uniforme ; d'autres dont l'inclinaison est bien moins forte, présentent au contraire des aiguilles très-variées, témoin le glacier inférieur du Grindelwald. Lorsque le fond de la vallée est raboteux et l'inclinaison faible, les crevasses se confondent et la surface du glacier prend un aspect plus ou moins chaotique, mais il en résulte rarement des aiguilles.

Les aiguilles sont en général d'autant plus hardies qu'elles sont plus rapprochées de l'extrémité des glaciers. C'est ici en particulier qu'elles affectent ces formes si bizarres dans lesquelles l'imagination des voyageurs se plaît à reconnaître toutes sortes de figures et de costumes. Tout le monde a admiré sous ce rapport les aiguilles du glacier des Bossons et de la Mer de glace, au dessus du Montanvert. Celles du glacier de Zermatt, quoique très-hardies, sont plus uniformes (voy. Pl. 6 et 7).

Les deux glaciers de l'Aar, dont la pente est très-douce, le grand glacier de Zmutt, dans la vallée de St Nicolas, et beaucoup d'autres ne présentent point d'aiguilles dans tout leur cours (*). D'autres, dont le lit est très-escarpé, en sont hérissés dans presque toute leur longueur. Le glacier de Viesch, représenté Pl. 9 et 10, nous en offre un exemple des plus frappans, quoique ses aiguilles ne soient pas aussi variées que celles de la mer de glace du Montanvert et d'autres glaciers.

(*) C'est donc à tort que M. Godeffroy envisage l'aspect chaotique de certains glaciers, comme un caractère habituel de leur extrémité inférieure. *Godeffroy*, Notice, etc.

Un fait digne de remarque, c'est que les aiguilles, quoique exposées continuellement à l'action destructive des agens atmosphériques, tout comme la surface unie des glaciers peu inclinés, ne présentent cependant jamais l'aspect terne et raboteux qui caractérise ces derniers. Elles sont au contraire constamment lisses, et ordinairement d'une belle teinte azurée ou verdâtre. Saussure déjà nous a donné l'explication de cette différence, qui provient, selon lui, de ce que les flancs de ces aiguilles sont continuellement lavés par les eaux qui en distillent, ce qui les rend parfaitement nets et transparens. C'est aussi ce qui fait que les glaciers qui ont le plus d'aiguilles sont toujours ceux qui font le plus bel effet pittoresque. L'explication que Gruner donne de la formation des aiguilles des glaciers est tout-à-fait fausse. Il suppose que les petits filets d'eau qui circulent à leur surface se creusent un lit de plus en plus profond et finissent par couper sa masse en tranches verticales coniques. Mais nous avons déjà vu que la mobilité des courans d'eau de la surface des glaciers est telle que cette supposition reste sans fondement.

A mesure que l'on remonte le cours des glaciers, les aiguilles deviennent plus rares, et lorsqu'il en existe dans leur cours moyen ou supérieur, elles sont toujours moins menaçantes que celles qui avoisinent leur extrémité. Ceci est une conséquence naturelle de la compacité de la glace. Nous avons dit que plus la glace est dure et compacte, plus elle est susceptible de se fendre dans tous les sens. L'on conçoit que la masse de glace d'un glacier, en passant par dessus les inégalités du fond, dans des endroits très-escarpés, devra occasionner des aiguilles d'autant plus nombreuses et plus variées, qu'elle aura déja été plus fracturée auparavant. Si au contraire la masse du glacier est peu compacte, elle pourra bien donner lieu à des crevasses plus ou moins béantes ; mais elle ne sera pas susceptible d'occasionner des accidens bien hardis. On le voit, la même raison qui fait que les crevasses sont rares dans les hautes régions, est aussi la cause que l'on n'y rencontre point d'aiguilles.

Mais les tranches transversales du glacier ne se transforment pas immédiatement en pyramides. Il faut pour cela que des mouvemens latéraux inégaux viennent encore les diviser dans différens sens, de manière à déterminer des masses prismatiques irrégulières, qui s'atténuent vers le haut par l'effet de la fonte et de l'évaporation. Cet effet ne se produit pas seulement sur les glaciers. Les grands blocs de glace qui se détachent du glacier d'Aletsch et nagent à la surface du lac de Moeril se fondent également en pyramides dont les parois conservent, comme celles des aiguilles du glacier, leur teinte azurée. (Voyez Pl. 12).

Les traces de stratification (*) que l'on observe

(*) M. Godeffroy a eu la malheureuse idée d'envisager les traces

quelquefois sur les parois des crevasses, facilitent la dislocation de ces tranches; et il arrive même souvent que des masses entières d'aiguilles s'écroulent par cet effet, et referment les vides qui les séparaient: c'est ce que l'on peut voir en plusieurs endroits du glacier de Viesch (Tab. 9 et 10).

fréquentes de stratification que présentent les glaciers, même à leur partie inférieure, comme les indices d'un *clivage horizontal*, qui, combiné avec les crevasses transversales qu'il appelle un *clivage perpendiculaire*, déterminerait la formation des aiguilles et des pyramides.

CHAPITRE VIII.

DES MORAINES.

On donne dans les Alpes de la Suisse française le nom de *moraines* à ces accumulations de roches qui sont adossées comme des remparts contre les flancs des glaciers ou qui s'élèvent à leur surface et les accompagnent dans toute leur longueur. Jusqu'ici on ne leur a pas prêté toute l'attention qu'elles méritent; elles ne sont, pour ainsi dire, mentionnées qu en passant dans la plupart des ouvrages ; et cependant elles constituent l'un des phénomènes les plus importans des glaciers. Nous verrons plus bas en traitant de l'ancienne extension des glaciers, que c'est essentiellement à l'aide des moraines que l'on parvient à déterminer leurs oscillations.

Je distingue trois sortes de moraines, les *moraines latérales* ou *riveraines*, auxquelles les habitans de la Suisse allemande donnent le nom de *Gandecken* ; les *moraines médianes* qu'ils appellent *Gufferlinien*, et les moraines *terminales*, qu'ils désignent communément sous le nom de *Gletscherschutt* (détritus des glaciers). Les moraines latérales bordent les flancs des glaciers et proviennent des éboulemens qui s'arrêtent sur leurs bords. Les moraines médianes, au contraire, forment des traînées longitudinales sur la surface des glaciers; elles naissent de la réunion des moraines latérales qui se confondent, lorsque deux glaciers confluent dans une même vallée. Les moraines terminales sont des remparts souvent très-élevés, bordant l'extrémité inférieure des glaciers: elles sont formées des décombres que le glacier pousse devant lui en labourant le terrain qu'il parcourt. Dans quelques glaciers enfin les moraines latérales et médianes se dispersent à tel point qu'elles ne forment qu'une seule grande *nappe de blocs*, recouvrant toute la surface de la partie inférieure des glaciers, quelquefois jusqu'à une distance considérable de leur issue.

Pour se faire une juste idée des moraines, il importe avant tout de connaître leur origine. Nous allons par conséquent commencer par nous occuper de leur mode de formation avant de parler des modifications qu'elles subissent et de l'influence qu'elles exercent sur les glaciers.

Il est évident que les blocs qui composent les moraines se détachent des parois des vallées. L'aspect de ces parois et l'identité minéralogique de leur roche avec celle des blocs en font foi; et si à l'extrémité du glacier, les blocs sont souvent d'une roche différente de celle des parois de la vallée, il suffit de remonter la moraine pour être sûr de retrouver l'endroit d'où ils se sont détachés (voy. Chap. XII. Du mouvement des glaciers).

Parmi les nombreux agens qui enlèvent ainsi une quantité de blocs aux parois qui encaissent les glaciers, on cite particulièrement la pluie, la neige, les avalanches, la foudre, en un mot l'ensemble des agens atmosphériques; cependant le plus actif de tous est sans contredit le gel. L'eau en se congelant dans les fentes et les fissures des rochers, se dilate et désarticule en quelque sorte les joints entre lesquels elle s'introduit. Cette action désorganisatrice est d'autant plus sensible, que les variations de température sont plus considérables, ou plutôt que les oscillations de température entre + et — 0° sont plus fréquentes. Les lieux où la température moyenne est d'environ 0° doivent par conséquent être le plus sujets à de pareilles dégradations; et c'est ce qui nous explique pourquoi le fond des vallées inférieures des Alpes, alors même qu'elles sont encaissées dans des parois très-hautes et très-escarpées, n'est point recouvert d'autant de blocs que le bord et la surface des glaciers des hautes Alpes.

La nature de la roche exerce aussi une influence très-marquée sur la formation des moraines : les roches fissiles et diversement stratifiées se désagrègent plus facilement que les roches compactes, et fournissent une plus grande masse de débris aux moraines; mais comme il n'est aucune roche qui ne soit plus ou moins fissurée, il en résulte que toutes, sans exception, sont soumises à l'action destructive du gel, et peuvent se rencontrer sur les glaciers ou le long de leurs bords. Les différens fragmens de la roche en s'isolant de plus en plus par l'effet de la congélation de l'eau et de la dilatation qui en résulte, finissent par se détacher de la masse commune et roulent dans les vallées, qui, dans les régions élevées de nos Alpes, sont ordinairement occupées par des glaciers. Aussi long-temps qu'ils sont épars sur le glacier ou adossés irrégulièrement contre son bord, ces débris de rochers éboulés ne constituent point encore ce que l'on appelle des moraines; ils ne prennent ce nom que lorsqu'ils ont été alignés le long du glacier par suite de sa marche progressive, c'est-à-dire lorsque, déplacés par le mouvement de la glace et entraînés le long de ses bords, ils se sont rangés en forme de digues continues, adossées d'un côté contre le glacier et de l'autre contre les parois de la vallée, et forment un talus naturel entre la glace et les parois de la vallée, (voy. Pl. 9.) Toutefois ces relations des moraines avec le glacier et les parois de la vallée varient suivant l'état du glacier : lorsque les parois sont très-abruptes, les moraines latérales reposent souvent complètement sur le glacier, surtout lorsqu'il est en croissance ; elles sont simplement adossées contre son bord, et le plus souvent inférieures au niveau de sa surface lorsque le glacier est en retrait et lorsque les parois sont très-évasées. Les blocs épars à la surface du glacier tendent généralement à regagner ses bords, ce qui arrive tôt ou tard par l'effet et la nature de ses mouvemens.

Les glaciers en se frottant contre les parois des vallées, entraînent avec eux dans leur marche toutes les masses mobiles qu'ils rencontrent et qui sont ainsi continuellement broyées les unes contre les autres et contre les parois de rochers qui leur servent de lit, tandis que les blocs qui reposent sur le glacier même marchent avec lui sans subir de friction. Il résulte de cet état de choses, que les blocs des moraines tendent continuellement à user leurs angles et leurs arêtes et par conséquent à s'arrondir, tandis que les blocs qui reposent sur le glacier même, avancent sans s'entreheurter et restent anguleux (*).

(*) Les fragmens de roches mobiles qui s'arrondissent le plus sont ceux qui, gisant sous le glacier, sont triturés à sa surface inférieure entre la roche solide et la glace compacte, et souvent réduits aux plus petites dimensions. Aussi trouve-t-on ordinairement sous les glaciers, vers leur extrémité inférieure, des accumulations considérables de galets de différentes grandeurs complètement arrondis ; mais on n'y rencontre jamais de grands blocs anguleux ; ceux-ci ne se voient que sur le glacier même, où ils avancent sans changer notablement de place, par le seul effet du mouvement de la glace.

Dans les moraines proprement dites, c'est-à-dire sur les bords des glaciers, on rencontre pêle-mêle des blocs de toutes les dimensions encore complètement anguleux, d'autres plus ou moins émoussés, et jusqu'à des galets de toute taille, passant même au sable le plus fin ou à l'état d'un limon finement trituré. Les schistes, les calcaires et surtout les marnes sont, de toutes les roches, celles dont les débris se désagrègent le plus vite ; ces dernières, au lieu de se transformer en galets arrondis, deviennent une pâte molle, forment un lit de boue sous le glacier (Rosenlaui), ou des digues de limon sur ses bords (glacier supérieur de Grindelwald). Ce sont les roches quarzeuses granitiques et serpentineuses qui forment les plus beaux galets et ceux qui s'arrondissent le plus régulièrement, (glacier de Trient, de Zermatt, etc.)

Quant à la grandeur des moraines, elle varie considérablement suivant la fréquence des avalanches dans les diverses vallées et suivant la nature des roches dont celles-ci sont formées.

Les moraines augmentent en général de puissance à mesure qu'elles avancent vers l'extrémité inférieure du glacier, et cela se conçoit facilement par la raison fort simple que le glacier, cheminant habituellement dans toute sa longueur entre des parois de rochers plus ou moins escarpés, les débris qui se détachent de ces parois viennent en partie s'ajouter à ceux que le glacier amène des régions supérieures et augmentent ainsi continuellement la masse mobile de la moraine. Ceux qui restent en route sont ordinairement triturés et broyés contre les parois de la vallée.

Une autre cause des différences que l'on observe, quant à la puissance des moraines, entre la partie inférieure et la partie supérieure des glaciers existe dans la nature même de la glace : aussi long-temps que le glacier est encore à l'état de névé, les blocs qui tombent des parois environnantes, au lieu de rester à la surface, pénètrent dans l'intérieur même de la masse, qui est continuellement recouverte par les couches de neige nouvelle qui viennent s'ajouter aux anciennes. Il peut ainsi arriver que de grands glaciers ne présentent dans toute leur partie supérieure aucune trace de moraine, quoiqu'ils soient encaissés dans des parois très-escarpées dont il se détache certainement des fragmens de rochers; témoin la partie supérieure des glaciers du Lauteraar et du Finsteraar.

Lorsqu'on est placé en face d'un glacier de manière à pouvoir embrasser des yeux tout son cours supérieur, on voit, surtout sur les glaciers composés de plusieurs affluens, les moraines se rétrécir de plus en plus vers le sommet et finir par disparaître entièrement. Nous en avons un exemple frappant dans les glaciers qui descendent de la chaîne du Mont-Rose et vont se réunir dans le grand glacier de Zermatt. Du haut du Riffel, d'où je les ai fait dessiner tels qu'ils sont représentés Pl. 1 et 2, on poursuit leurs moraines à-peu-près toutes jusqu'à la même hauteur ; mais comme elles ne sont pas toutes également puissantes dans tous les glaciers, il y en a que l'on ne distingue pas à l'œil nu, de ce point. Cependant toutes, autant que nous avons pu nous en assurer, remontent à-peu-près à la même hauteur, et leur limite extrême est en tout cas au-dessus de la mi-côte. Quelques-unes de ces moraines, entre autres celle qui sépare le grand glacier du Mont-Rose du petit glacier du même nom (voy. Pl. 1), et deux moraines du glacier du Petit-Cervin (voy. Pl. 2) se laissent ainsi poursuivre des yeux jusqu'à une hauteur d'environ 10,000 pieds. On remarquera que les exemples que je viens de citer sont des moraines médianes ; mais ce n'est pas une raison pour en inférer qu'elles s'élèvent plus haut que les moraines latérales ; bien au contraire, celles-ci se laissent ordinairement poursuivre au-delà du point où, par leur jonction, elles se transforment en moraines médianes ; seulement les moraines latérales sont généralement moins visibles, par la raison, qu'étant adossées, d'un côté, contre les parois des rochers, on les distingue difficilement. Les moraines médianes, au contraire, se dessinent très-nettement, même de loin, à cause du contraste qu'elles forment avec les masses blanches du milieu desquelles elles surgissent.

Si nous cherchons maintenant à expliquer comment il se fait que les glaciers se comportent d'une manière si différente vis-à-vis de leurs moraines, dans leur partie supérieure et dans leur partie inférieure, nous aurons à lutter contre des préjugés bien étranges et d'autant plus difficiles à déraciner, qu'ils paraissent fondés sur la raison et se font forts d'une logique serrée, pour repousser des faits dont la réalité est cependant incontestable.

C'est un fait connu de tous les habitans des Alpes, que le glacier ne souffre aucun corps étranger dans son intérieur, et qu'il repousse à la surface toutes les pierres qui tombent dans son intérieur. De quelque pitié que cet énoncé simple et vulgaire d'un grand phénomène ait été accueilli par les physiciens vers la fin du siècle dernier, le fait en lui-même n'en est pas moins vrai. Tous ceux qui ont examiné de près les glaciers, savent que jamais on ne remarque aucune pierre ni aucun corps étranger *dans* la tranche terminale, ni *dans* (je dis *dans* et non pas *entre*) les parois souvent très-profondes des crevasses (*). Mais si l'on remonte un glacier jusqu'à sa partie supérieure, il arrive un moment où l'on voit les moraines s'enfoncer insensiblement et bientôt disparaître sous la masse du glacier à mesure que la glace devient moins consistante et plus grumeleuse. Cette disparition n'a

(*) Pour la première fois depuis que je parcours les glaciers, j'ai observé cette année (1840) au glacier supérieur de Grindelwald un caillou engagé dans la glace compacte ; mais j'ai pu également me convaincre qu'il y avait été introduit par une crevasse qui s'était complètement refermée en cet endroit.

rien qui puisse étonner, lorsqu'on veut bien tenir compte de la structure diverse du glacier aux différentes hauteurs, telle que nous l'avons décrite au Chap. 3. Il est inutile de rappeler que les blocs ne peuvent s'enfoncer que dans le névé ; ceux qui tombent sur le glacier proprement dit restent à sa surface, ou s'ils disparaissent, ce n'est que lorsqu'ils tombent dans les crevasses.

Dans sa partie supérieure, là où il est encore à l'état de névé, le glacier n'a pas assez de consistance pour maintenir les débris des rochers à sa surface ; ceux-ci s'enfoncent par conséquent dans cette glace incohérente et grumeleuse. Cependant la masse entière du glacier chemine dans le sens de sa pente et donne ainsi de plus en plus prise à l'action dissolvante des agens atmosphériques et de la chaleur du soleil. L'eau qui résulte de la fonte de la partie superficielle s'infiltre dans la masse, et lorsqu'elle rencontre un bloc dans l'intérieur du névé, elle coule le long de ses flancs et imbibe la masse environnante. Lorsque survient ensuite le froid de la nuit, cette eau qui vient de s'infiltrer dans la masse grumeleuse du névé se congèle et par-là même se dilate. Il en résulte une pression qui s'exerce contre le bloc en question et le force à faire place à cette glace naissante. Le bloc s'élève ainsi vers la surface, grâce à la résistance moins considérable des couches supérieures incohérentes et grumeleuses, comparée à la résistance des couches inférieures qui viennent de se transformer en glace compacte par l'effet de l'eau infiltrée. De très-gros blocs peuvent ainsi être ramenés à la surface. Cette ascension s'opère plus facilement à l'égard des fragmens anguleux que lorsque ce sont de grandes dalles, et cela est facile à comprendre : les blocs anguleux sont poussés à la surface par l'action combinée de la pression latérale et de la pression de bas en haut; les dalles, au contraire, à moins qu'elles ne reposent sur leur tranche, ne reçoivent que l'impulsion de bas en haut et arrivent ainsi plus lentement à la surface.

Jamais les blocs n'arrivent à la surface à l'endroit même où ils sont tombés dans le glacier; ils cheminent au contraire de bas en haut, en suivant une ligne diagonale qui est la résultante de la dilatation des couches inférieures par suite de leur transformation en glace compacte, et de la marche descendante de toute la masse dans le sens de sa pente.

La vitesse de l'ascension diagonale des blocs dépend uniquement des circonstances atmosphériques. Supposons une pierre tombée dans le névé en 1840. Si pendant l'hiver il tombe une grande quantité de neige et que l'été qui va succéder ne soit pas très-chaud, et que surtout il ne règne pas de vents secs qui facilitent l'évaporation, il est certain que cette pierre fera très-peu de chemin dans sa marche ascensionnelle. Mais tout le contraire aura lieu si l'hiver est peu neigeux et que pendant l'été suivant la fonte et l'évaporation soient considérables.

Trois causes très-diverses contribuent donc à faire arriver les pierres de l'intérieur du glacier à sa surface : l'évaporation, la fonte et la transformation de l'eau résultant de la fonte, en glace compacte. Les deux premières sont des causes négatives, puisqu'elles contribuent seulement à diminuer l'épaisseur de la couche de glace qui doit être traversée sans rehausser le moins du monde le bloc; la troisième seule agit directement et elle est de beaucoup la plus efficace. Nous venons de voir comment elle produit des effets aussi surprenans.

Les choses se passent un peu différemment lorsqu'une pierre vient à tomber dans une crevasse, près de l'extrémité inférieure du glacier. Comme les parois de ces fentes des glaciers sont ici de glace compacte, il ne peut s'y infiltrer que très-peu d'eau, et l'action directe de la dilatation par voie de congélation ne peut être que très-faible. En revanche, l'évaporation et la fonte sont plus considérables à raison de la température plus élevée qui règne dans ces régions plus basses.

Mais les blocs n'ont pas seulement une tendance à remonter à la surface; à raison du mode de progression de la masse entière du glacier dont nous nous occuperons dans un des chapitres suivans, ils sont encore assujettis à une marche oblique, qui, à la longue, leur fait gagner les bords du glacier, où ils se confondent avec les moraines; car comme la partie médiane et les bords du glacier n'ont pas la même vitesse, il en résulte un mouvement diagonal du milieu vers les bords, indépendamment du mouvement diagonal ascensionnel dont nous venons de nous occuper. Ainsi de quelle manière que les blocs qui se détachent des vallées alpines se répandent à la surface des glaciers en y tombant, ils finissent toujours par aller, tôt ou tard, se confondre avec les moraines.

Les influences nombreuses et diverses des agens extérieurs sur les glaciers donnent lieu à une foule d'autres accidens et de phénomènes importans que nous allons successivement passer en revue. Ce sont elles qui déterminent entre autres la forme des moraines et surtout qui donnent aux moraines médianes leur apparence particulière. Mais avant de nous occuper des caractères particuliers des moraines médianes, disons un mot de leur origine.

Jusqu'ici l'on n'a point accordé aux moraines médianes toute l'importance qu'elles méritent, et les explications que l'on en a données sont, pour la plupart, très-incomplètes ou absolument erronées. De Saussure lui-même s'en faisait une très-fausse idée, quoiqu'il en eût observé un très-grand nombre; elles résultent, selon lui, de la tendance qu'auraient les glaces à se presser vers le milieu des vallées où elles entraîneraient avec elles les terres et les pierres dont elles sont couvertes. Cette tendance est à ses yeux une conséquence de la forme même des vallées dont le fond est plus excavé que les bords. « La preuve de « cette vérité, » dit-il (*), « c'est que vers la fin de « l'été on voit en bien des endroits, surtout dans les « vallées les plus larges, des vides considérables entre « le pied de la montagne et le bord du glacier; et ces « vides proviennent, non-seulement de la fonte des « glaces latérales, mais encore de ce qu'elles se sont « écartées en descendant vers le milieu de la vallée. « Pendant le cours de l'hiver suivant ces vides se rem- « plissent de neiges; ces neiges s'imbibent d'eau, se « convertissent en glace. Les bords de ces nouvelles « glaces les plus voisines de la montagne se couvrent « de nouveaux débris; ces lignes couvertes s'avancent « à leur tour vers le milieu du glacier; et c'est ainsi « que se forment ces bancs parallèles qui se meuvent « obliquement d'un mouvement composé, résultant « de la pente du sol vers le milieu de la vallée et de « la pente de cette même vallée vers le bas de la mon- « tagne. »

Cette manière d'expliquer les moraines médianes, quoique très-ingénieuse, est complètement erronée, comme on va le voir, ce qui ne l'a pas empêché de réunir les suffrages de tous les météorologistes. En admettant que les glaces se portent continuellement

(*) Voyage dans les Alpes, Tom. I, p. 382.

des bords vers le milieu de la vallée, on est forcé d'admettre, en même temps, que la glace y chemine plus vite que sur les bords : si cela était, il faudrait que les crevasses, qui se forment transversalement, fussent plus inclinées vers le milieu du glacier que vers les bords. Or c'est tout le contraire qui a lieu. Les crevasses, ainsi que nous l'avons vu plus haut, sont généralement en forme de segment d'arc, ayant leurs extrémités dirigées vers le bas du glacier. Dans l'hypothèse de Saussure, il faudrait de plus que chaque hiver donnât lieu à une nouvelle moraine médiane, et que toutes fussent dirigées obliquement du dehors en dedans; or je n'ai rien vu de semblable dans aucun glacier; elles ont, au contraire, une tendance à se diriger de dedans en dehors, conformément aux lois générales de la marche des glaciers.

Quant aux vides que l'on aperçoit souvent entre le pied de la montagne et le bord du glacier, ils ne prouvent en aucune manière que la glace se porte vers le milieu de la vallée. Ils sont, pour la plupart, le résultat de la fonte opérée par la chaleur que réfléchissent en été les parois de la vallée. Il est vrai que pendant l'hiver ils se remplissent de neige; mais cette neige contribue rarement à l'accroissement du glacier, dans sa partie inférieure; elle se dissout au contraire avant d'avoir eu le temps de se transformer en glace; et l'on comprend en effet que si les parois de la vallée facilitent si fort la fonte du glacier dont la masse est compacte, elles doivent exercer une influence bien plus dissolvante encore sur la neige.

Au lieu d'aller chercher si loin l'explication d'un phénomène aussi simple que l'est celui des moraines médianes, il suffit d'examiner un instant les glaciers où l'on en rencontre, pour se convaincre qu'elles sont dues uniquement à la rencontre de deux glaciers dont les moraines se réunissent. La meilleure preuve que l'on puisse en alléguer, c'est qu'il n'y a de moraines médianes que sur les glaciers composés, tandis que les glaciers simples en sont toujours dépourvus. Ces moraines médianes cheminent à la surface du glacier sous la forme de remparts plus ou moins élevés; elles se laissent poursuivre à de grandes distances; mais lorsque le cours du glacier est très-long, elles finissent par se confondre avec les moraines latérales, à raison de la marche plus rapide de la masse entière sur les bords qu'au milieu, de la même manière que les blocs épars sur les glaciers simples finissent toujours par aller se mêler aux moraines latérales. Quelquefois les moraines médianes, au lieu de former des lignes continues, se présentent sous la forme d'amas isolés d'un volume très-considérable. Ces amas que je distingue sous le nom de *moraines passagères*, proviennent de chutes ou d'éboulemens locaux survenus sur un point des rives du glacier et qui après avoir gagné la surface de ce dernier, y cheminent de la même manière que les moraines médianes continues. Ces moraines d'éboulement sont surtout fréquentes dans les glaciers qui reçoivent beaucoup de petits affluens, tels que le glacier inférieur de l'Aar.

Les moraines médianes, quelles qu'elles soient, supposent toujours un glacier composé, résultant de la réunion de deux ou plusieurs glaciers simples. Il y a des glaciers sur lesquels on en distingue deux, trois, quatre et même davantage, qui de loin se présentent comme autant de bandes parallèles noires, au milieu de la surface blanche du glacier. Le grand glacier de Zermatt en montre quatre à l'endroit où nous le traversâmes en face de la cime du Mont-Rose. Ce sont les moraines de la Porte-Blanche, du Gornerhorn, du Mont-Rose et celle qui sépare le grand glacier du Mont-Rose du petit glacier du même nom. Plus bas de nouvelles moraines médianes viennent s'ajouter aux anciennes, à mesure que de nouveaux affluens débouchent dans ce grand fleuve de glace : ce sont celles du Lyskamm, du Breithorn et de la Furkeflue; mais à mesure qu'elles apparaissent sur la rive gauche, celles qui avoisinent la rive opposée commencent à se confondre : les moraines de la Porte-Blanche et du Gornerhorn se confondent les premières; puis, après avoir cheminé quelque temps ensemble, leurs débris viennent se mêler à la moraine du Riffel, qui est la moraine riveraine de droite (voyez Pl. 2). De même les moraines du Mont-Rose et celles du Breithorn, du petit Cervin, etc., finissent aussi par se confondre, Pl. 5, si bien qu'à l'extrémité du glacier de Zermatt, on ne distingue plus que des lambeaux de deux moraines médianes, Pl. 6.

Les moraines médianes sont en général d'autant plus puissantes, que les glaciers sur lesquels elles reposent ont fait plus de chemin avant de se réunir, et cela est facile à concevoir; car un glacier qui a cheminé longtemps isolé entre des parois de rochers doit nécessairement avoir amassé plus de débris qu'un petit glacier qui vient à peine de se détacher d'un grand plateau de glace. La moraine médiane du glacier inférieur de l'Aar est, de toutes celles que je connais, la plus remarquable par son étendue et parsa hauteur (voyez Pl. 14); aussi naît-elle de la réunion de deux grands glaciers, le glacier du Lauteraar et le glacier du Finsteraar, qui, avant de se rencontrer dans leur cours, ont franchi l'un et l'autre un espace de plusieurs lieues. Cette moraine que j'ai représentée Pl. 14, avec la cabane construite à sa surface par M. Hugi en 1827, est tellement puissante, qu'à une demi-lieue du point de confluence des deux glaciers, elle a déjà plusieurs centaines de pieds de large. Elle s'étend sur toute la longueur du glacier et maintient en quelque sorte la séparation primitive entre le glacier du Finsteraar et le glacier du Lauteraar jusqu'à l'issue des glaciers réunis. Vue du sommet du Sidelhorn, elle fait l'effet d'un large mur noir séparant deux routes blanches.

Lorsque par l'effet de la rencontre de deux glaciers les moraines latérales se confondent pour former une moraine médiane, l'on remarque ordinairement, au point de confluence, une dépression plus ou moins profonde, qui est la conséquence nécessaire de leur forme primitive. En effet, toute moraine latérale présente à son bord extérieur un talus plus ou moins incliné vers les parois qui l'encaissent; or, du moment que deux glaciers viennent à confluer dans un même lit, c'est par leurs moraines latérales qu'ils se touchent d'abord, et comme le talus est anticlinal, ou incliné en sens opposé, comme les deux jambages d'un V, il doit nécessairement en résulter une dépression médiane. Mais cette dépression disparaît bientôt, et souvent même, lorsqu'il s'agit de puissantes moraines, se transforme en une arête très-saillante, comme c'est le cas de la grande moraine médiane du glacier inférieur de l'Aar (Pl. 14) et de la moraine des glaciers réunis du Breithorn et du Lyskamm, dans le grand glacier de Zermatt (Pl. 2).

L'explication de ce singulier phénomène n'est pas bien difficile; elle est tout entière dans les propriétés physiques des blocs comme conducteurs de la chaleur, comparées à celles de la glace elle-même; ici encore, il faut distinguer entre les fragmens d'un certain volume et les graviers: les premiers, comme l'a fort bien démontré de Saussure, protègent la glace contre l'action dissolvante du soleil, tandis que les derniers en accélèrent la fonte. Cette action diverse de corps semblables ayant les mêmes propriétés physiques peut paraître paradoxale au premier coup-d'œil; cependant elle n'en est pas moins naturelle, et voici comment : les grands blocs acquièrent, à leur surface, sous l'influence des rayons solaires, une température qui est de beaucoup supérieure à celle de la glace; mais cette température ne se communique pas à toute leur masse; d'où il résulte que, tandis que leur face supérieure est à une température élevée, leur surface inférieure conserve la température du glacier, en même temps qu'elle protège l'espace qu'elle recouvre contre l'action des rayons solaires et des vents secs. Tout le contraire a lieu pour les petits fragmens et les graviers; ceux-ci, à raison de leur volume, transmettent facilement à toute leur masse la chaleur que leur face supérieure emprunte aux rayons du soleil. Ils acquièrent ainsi en peu de temps une température assez élevée, et, fondant la glace autour et au-dessous d'eux, ils pénètrent dans la masse du glacier. Mais ils ne s'y enfoncent pas indéfiniment; je n'en ai jamais vu à plus d'un pouce de la surface, et cela se comprend : aussi long-temps qu'ils sont à la surface, ils reçoivent la chaleur extérieure, non-seulement par leur face supérieure, mais aussi latéralement. Une fois enfoncés dans le glacier, leur surface supérieure lui est seule accessible, tandis que leurs autres faces subissent au contraire l'influence réfringérante du glacier ; il en résulte qu'ils doivent se maintenir à un niveau à-peu-près constant, qui est la résultante de l'action combinée du soleil et du glacier. En général, plus un fragment est petit et plus il s'enfonce facilement ; mais lorsque les graviers s'accumulent de manière à former une couche épaisse, ils ne sont plus susceptibles de fondre la glace, mais la protègent au contraire à la manière des grands blocs (voy. Chap. 10). Les plus gros fragmens que j'ai vus au-dessous du niveau de la surface du glacier n'avaient pas un pied cube ; or, comme les moraines sont en général composées de gros fragmens, elles protègent la partie du glacier qu'elles recouvrent contre les agens destructeurs extérieurs ; de cette manière elles se trouvent non-seulement bientôt au-dessus du reste de la surface, mais leur hauteur va continuellement en augmentant jusqu'à ce que les parois deviennent tellement escarpées que les blocs roulent en bas. La moraine s'élargit ainsi, les endroits occupés par les blocs redeviennent accessibles aux influences extérieures et tendent à se mettre au niveau de la surface du glacier ; ceci nous explique pourquoi les moraines médianes, d'abord hautes et étroites, finissent par s'élargir de plus en plus.

Les mêmes choses se passent de la même manière dans les moraines riveraines, lorsque celles-ci gisent sur le glacier même; mais comme elles reçoivent continuellement de nouveaux blocs des parois de la vallée, il arrive qu'alors même qu'un rempart s'écroule de la manière que nous venons de le signaler, il s'en forme bientôt un nouveau, de sorte que beaucoup de moraines riveraines se maintiennent en dos d'âne dans toute leur longueur. Il existe une très-grande diversité de formes et de dimensions entre les moraines d'un seul et même glacier. Souvent l'une est très-puissante, tandis que l'autre est très-mince. Cette différence est surtout frappante dans les glaciers composés. C'est ainsi que le glacier inférieur de l'Aar compte plusieurs moraines médianes outre la grande moraine dont il a été question plus haut (voy. Pl. 14); mais elles se confondent bientôt avec la moraine latérale droite. Sur le glacier du Lauteraar et du Finsteraar, nous en vîmes surgir plusieurs du sein du glacier, à une hauteur de 8000'. La glace était, à la surface, incohérente et grumeleuse; mais elle paraissait plus compacte et plus unie le long des blocs. Nous vîmes ainsi le phénomène du mouvement ascensionnel des blocs, dont nous avons parlé plus haut (pag. 105), se répéter cent et mille fois (*). La grande moraine,

(*) Dans ce cas-ci, c'est bien à travers la glace compacte que les blocs arrivent à la surface. Ce fait nous prouve que la glace du glacier proprement dit subit encore continuellement des modifications analogues à celles qu'éprouvent les névés, par suite de l'infiltration des eaux qui coulent à sa surface. Dans une masse

quoique plus rapprochée de la rive gauche que de la rive droite, se maintient comme moraine médiane jusqu'au moment où elle se réunit aux deux moraines riveraines latérales, pour recouvrir toute la surface de l'extrémité du glacier d'une nappe de bloc uniforme.

Les crevasses exercent une influence très-marquée sur la forme des moraines médianes et latérales. En déplaçant continuellement les blocs qui les composent, elles les empêchent de s'élever sous forme de rempart; et dans les parties très-escarpées du glacier on a souvent de la peine à reconnaître les moraines au milieu des aiguilles et des déchirures sans nombre qui se rencontrent partout où la pente est considérable Il arrive ainsi que lorsqu'on examine un glacier très-escarpé, du haut d'une sommité, on voit la moraine s'effacer plus ou moins avec l'apparition des aiguilles. Tous ces énormes blocs qui plus haut formaient une moraine très-distincte, sont cachés dans les crevasses; mais lorsque l'on porte ses regards au-delà des aiguilles, on est tout étonné de voir la moraine reparaître à mesure que les crevasses se referment et que le glacier reprend un aspect plus régulier (voy. Pl. 10). Beaucoup

aussi compacte, l'ascension doit naturellement s'opérer beaucoup plus lentement que dans le névé; mais le fait qu'autour et dessous les blocs, la glace est toujours plus compacte qu'à distance, nous prouve que, dans ce cas-ci, le bloc influe sur sa base et autour de lui de la même manière que dans les régions supérieures.

de voyageurs, absorbés sans doute dans la contemplation des aiguilles et de leurs parois brillantes, n'ont point fait attention à cette réapparition des moraines, ou du moins ne lui ont point accordé une attention suffisante. D'autres, trop préoccupés d'idées systématiques, ont prétendu que les moraines n'étaient jamais affectées par les crevasses (*). Mais il suffit de jeter un coup-d'œil sur les planches 3, 4, 8 et 10, pour s'assurer qu'il n'en est rien et que les crevasses n'épargnent pas plus les moraines que le reste du glacier.

En général les moraines médianes se maintiennent rarement dans leurs rapports primitifs sur toute la longueur du glacier; les mêmes causes qui tendent à rejeter sur les bords les blocs épars de la surface, tendent également à disloquer les moraines médianes et à les refouler vers les bords du glacier. C'est ainsi que les nombreuses moraines médianes du glacier de Zermatt tendent de plus en plus à se réunir dans sa partie médiane (Pl. 3 et 4); elles ne forment même plus que deux larges bandes, dans sa partie inférieure (Pl. 5), et à son extrémité ces deux bandes se répandent sur toute la surface du glacier, sous la forme de lambeaux détachés (Pl. 6), qui sont ici bien différens de ces belles moraines continues que l'on observait plus haut.

Pour épuiser la question des moraines médianes, il me reste à examiner deux phénomènes très-remarqua-

(*) Hugi, *Naturhistoriche Alpenreise*, p. 359.

bles qui en dépendent, savoir, les moraines obliques avec les lambeaux de différente nature qui se détachent des moraines principales, et les traînées parallèles de gravier qui regagnent en rayonnant les bords.

Les *moraines obliques* se rencontrent toujours entre des moraines médianes, dont elles sont une simple modification ; elles se forment lorsque les moraines latérales de deux glaciers d'inégale dimension se confondent de manière à former une moraine qui, au lieu de marcher régulièrement comme une moraine médiane, dans le sens du mouvement progressif des deux glaciers, est plus ou moins refoulée sur l'un des glaciers et prend une direction oblique. Aussi cette obliquité de certaines moraines médianes varie-t-elle considérablement ; sur le glacier de l'Aar j'en ai observé qui provenaient des affluens du Finsteraar et qui étaient très-peu inclinées (Pl. 14), tandis que sur le glacier de Zermatt on en voit quelques-unes au pied du Gornerhorn qui sont à-peu-près transversales et qui proviennent de la manière dont le glacier du Gorner prend de flanc le grand glacier du Mont-Rose (Pl. 1). Comme ces moraines ne sont pas alignées dans le sens de la marche générale du glacier, elles se dispersent bientôt et se confondent soit avec les moraines médianes régulières, soit avec les moraines latérales.

Il arrive aussi que lorsque le glacier a une marche sinueuse et qu'après avoir dépassé une saillie il avance dans une anse rentrante, sa moraine latérale se démembre et émet des lambeaux sur le glacier, qui suivent la ligne directe du mouvement général au lieu de continuer à marcher le long de ses bords ; c'est ce que j'ai observé dans la partie inférieure du glacier de Zermatt, à l'angle d'Auf-Platten (Pl. 5). Ces lambeaux se dispersent promptement de la même manière que les moraines obliques. Sur le glacier de Viesch, dont la moraine médiane est très-sinueuse à raison des contours fréquens que le glacier fait dans son lit anguleux, il se détache aussi de nombreux lambeaux irréguliers de la moraine médiane, qui se dispersent complètement sur la surface du glacier, vers son extrémité inférieure (Pl. 10).

Les traînées régulières et parallèles de grains de sable que l'on poursuit quelquefois sur de très-grandes étendues, le long des moraines médianes, me paraissent être un effet de la dilatation de la surface chargée de débris, combiné avec le mouvement progressif de toute la masse. Les petits grains de sable épars n'agissant pas comme les gros blocs, tendent à former des séries longitudinales et parallèles qui se transforment quelquefois en rainures et qui servent même souvent de lit aux petits filets d'eau qui coulent le long des moraines. Nulle part je n'ai observé ce phénomène d'une manière aussi frappante que sur la mer de glace de Chamounix, en 1838 ; je l'ai également remarqué sur le glacier de l'Aar, et ce qui m'a confirmé dans l'explication que j'en donne, c'est qu'ici, Pl. 14, on remarque sur le côté gauche de la grande moraine une petite moraine qui lui est parallèle et qui me paraît s'en être détachée de la même manière que les traînées de sable dont je viens de parler se détachent des moraines en général.

Le phénomène des *nappes de blocs*, dont j'ai parlé au commencement de ce chapitre, a lieu lorsqu'un glacier très-chargé de moraines se rétrécit près de son extrémité. Les moraines s'étalent alors sur toute la surface du glacier et le recouvrent complètement, quelquefois jusqu'à une grande distance de son issue. Ce phénomène ne peut se produire que sur les glaciers très-peu inclinés, où les crevasses sont peu nombreuses; car dans le cas contraire, les blocs, au lieu de former une nappe continue à la surface du glacier, tomberaient dans les crevasses et laisseraient la glace à découvert, comme cela a lieu dans la plupart des glaciers (voyez les glaciers de Zermatt et de Viesch, Pl. 6 et 9). Les nappes de blocs ne sont donc pas autre chose que des moraines latérales et médianes disloquées, étalées et confondues. Ce mélange ne s'opère que très-insensiblement; et comme c'est toujours le milieu du glacier qui se trouve envahi le dernier, l'on voit ordinairement une bande blanche s'avancer en forme de pointe dans la surface sombre de la nappe de blocs; de loin l'on dirait que c'est le glacier qui se termine ainsi en pointe, tandis qu'il se prolonge encore souvent jusqu'à une très-grande distance sous la nappe de blocs. On remarque rarement à la surface des nappes de blocs de ces alternances brusques de niveau, comme on en rencontre en longeant les moraines latérales et les moraines médianes, mais elles ont ordinairement une tendance à se déprimer vers le milieu; c'est tout le contraire de ce que l'on observe dans les glaciers dont la surface est à découvert, et où le centre est renflé, tandis que les flancs sont ordinairement déprimés.

Jusqu'ici je n'ai observé le phénomène des nappes de blocs que dans les glaciers composés. Je citerai comme exemple le grand glacier de Zmutt, dans la vallée de St-Nicolas, qui se compose de la réunion de cinq glaciers, et dont la surface est entièrement recouverte de blocs jusqu'à un quart de lieue de son issue. On reconnaît encore, même à l'extrémité du glacier, l'origine diverse des moraines, qui sont venues se confondre dans cette grande nappe de blocs; son flanc droit, composé essentiellement de gabbro et de roches granitiques, présente de loin une teinte bleuâtre, tandis que le flanc gauche paraît roussâtre, ce qui est dû à l'oxidation des roches serpentineuses qui composent en grande partie la moraine gauche. Le milieu de la nappe est un mélange des deux roches. Mais la plus remarquable de toutes les nappes de blocs que l'on puisse citer, c'est sans contredit celle du glacier inférieur de l'Aar; jusqu'à une demi-lieue en amont de son extrémité, le glacier n'est recouvert que de débris de rochers, au point que l'on ne se douterait même pas que l'on chemine sur un glacier, si l'on ne rencontrait de temps en temps une crevasse.

Les *moraines terminales*, que les habitans de l'Oberland bernois désignent sous le nom bien plus caractéristique de *décombres du glacier* (Gletscherschutt) diffèrent des moraines médianes et latérales, en ce qu'elles ne reposent jamais sur le glacier même : ce sont des digues ou des remparts qui se forment en avant de l'extrémité du glacier, et que celui-ci pousse incessamment devant lui, en accumulant tous les matériaux mobiles qui se trouvent sur son passage. Lorsqu'au contraire le glacier est en retrait, il forme chaque année une nouvelle moraine terminale, jusqu'à ce que survienne de nouveau une crue des glaces qui refoule tous ces remparts en avant, pour n'en former qu'une seule moraine terminale. Dans la plupart des cas la moraine terminale se lie directement aux moraines latérales, comme on le voit dans notre Pl. 10 : mais cette continuité cesse nécessairement, lorsque le glacier est en retrait, pour reparaître dès que le glacier redevient stationnaire ou recommence à s'avancer (*).

(*) On conçoit d'avance que les grands glaciers qui sont allés continuellement en décroissant, aient laissé devant eux, en se retirant, autant de moraines terminales concentriques qu'ils ont éprouvé de

La formation des moraines terminales est due en partie aux débris qui tombent de la surface même du glacier. Lorsque, par un beau jour d'été, l'on se trouve en face de l'extrémité du glacier, il n'est pas rare de voir des blocs se détacher de la surface et glisser le long des parois terminales, pour venir s'unir à la moraine qui est à ses pieds. Une autre cause plus efficace que la précédente, consiste dans le résidu de la couche de boue qui est entre le glacier et le sol sur lequel il repose. Cette couche provient des blocs qui, après être tombés dans les crevasses, sont restés au fond, et y ont été triturés par la pression de la masse de glace et du frottement résultant de sa marche progressive. En certains endroits les moraines terminales sont presque exclusivement composées d'un terrain trituré de cette manière, qui peut même servir à l'agriculture. Nous avons vu l'année dernière un champ de pommes-de-terre cultivé sur la moraine du glacier de Zermatt, dont l'extrémité n'en était séparée que par un espace de quelques pieds. C'est un terrain très-léger qui se distingue de la terre végétale ordinaire par une grande quantité de paillettes de mica très-brillantes, qui proviennent du granit et du schiste micacé décomposé. Le glacier supérieur du Grindelwald peut aussi être rangé parmi ceux qui repoussent

moment d'arrêts dans leur retrait. Nous verrons plus tard en examinant les anciennes moraines quelle immense extension les glaciers ont eue jadis.

le plus de boue à leur base; la couche a plusieurs pouces d'épaisseur, et l'on voit qu'elle a puissamment contribué à la formation des hautes moraines terminales qui le bordent.

La plus grande variété règne dans le nombre et la puissance de ces moraines terminales; il y a des glaciers qui, quoique très-chargés de débris, n'en ont que de très-faibles; témoin le glacier inférieur de l'Aar; tandis que d'autres en ont de très-considérables. La plus belle moraine terminale que l'on puisse voir est celle du glacier de Viesch, que j'ai représentée Pl. 9; elle s'élève autour de l'extrémité du glacier, comme un vaste cirque, dans lequel la rivière qui s'échappe du glacier s'est creusé une issue. Sa hauteur est en plusieurs endroits de plus de 30 pieds sur une largeur bien plus considérable.

CHAPITRE IX.

DES TABLES DES GLACIERS.

Le phénomène des tables des glaciers est si curieux, que lorsqu'on le rencontre pour la première fois, il frappe d'étonnement, comme quelque chose de tout-à-fait inattendu et d'inexplicable. Tous les glaciers n'en ont pas, et il est à remarquer que les glaciers les plus fréquentés, tels que ceux de Grindelwald et plusieurs de ceux de Chamounix, n'en montrent habituellement aucune trace, quoiqu'ils charrient tous des blocs d'un volume très-considérable. Ces tables se trouvent généralement près des moraines médianes ou près des bords internes des moraines latérales; il y en a de toutes les dimensions; j'en ai vu qui avaient jusqu'à vingt pieds de long sur dix et douze pieds de large. D'autres n'ont que deux ou trois pieds carrés. Ce sont généralement de grandes dalles ou des blocs de forme plus ou moins aplatie, reposant sur un piédestal de glace, de manière à imiter assez bien la forme de tables. La Pl. 14 représente plusieurs tables isolées du glacier inférieur de l'Aar. M. Lory a fait de ce curieux phénomène le sujet d'une charmante aquarelle, représentant ce même glacier de l'Aar avec ses nombreuses tables. Il est impossible de rendre avec plus de vérité l'effet grandiose de ce phénomène (*).

Le mode de formation de ces tables est le même que celui de l'exhaussement des moraines dont nous venons de parler. En leur qualité de bons conducteurs de la chaleur, les blocs qui, par un accident quelconque, se trouvent isolés à la surface du glacier, commencent par fondre la glace sur leurs bords; mais à raison de leur volume, ils empêchent en même temps l'action des agens extérieurs sur la surface qu'ils recouvrent; ils s'élèvent ainsi successivement de toute l'épaisseur de la glace qui se dissout autour d'eux par la fonte et l'évaporation, et se trouvent par là portés à une hauteur quelquefois assez considérable au-dessus de la surface du glacier. Mais à mesure qu'ils s'élèvent, le soleil et les vents secs commencent par attaquer latéralement la colonne de glace sur laquelle ils reposent. Celle-ci devient de plus en plus grêle, jusqu'à ce que, trop faible pour soutenir plus long-temps le poids de sa charge, elle se brise; la table tombe et glisse au large, puis occasionne une seconde et troisième fois le même phénomène, jus-

(*) Collection de vues suisses, par Lory fils.

qu'à ce qu'elle ait atteint le bord du glacier, où elle se confond dans la moraine. J'ai vu cette année (1840) au glacier inférieur de l'Aar, une table de 15 pieds de long, 12 pieds de large et 6 pieds de haut, se détacher de sa base et glisser à une distance de 30 pieds, en réduisant en poudre la surface de la glace par dessus laquelle elle passa. Dans la partie supérieure des glaciers et en particulier sur la limite des névés, c'est-à-dire là où les moraines commencent à surgir, les plus petits blocs occasionnent des tables qui s'élèvent d'un demi pied jusqu'à un pied au-dessus du niveau de la glace. J'en ai vu un grand nombre sur le glacier du Lauteraar, au pied du Schreckhorn, qui avaient à peine cinq pouces de surface et un pouce d'épaisseur.

Jusqu'ici on n'a point encore fait d'observations sur le temps que met une table à parcourir toutes les phases de son développement; je ne pense pas non plus que l'on arrive jamais à des données bien précises à ce sujet, attendu que le phénomène entier est complètement subordonné aux influences atmosphériques. Mais une chose bien autrement importante serait de chercher à faire servir ces tables à l'appréciation de la masse de glace qui se fond ou s'évapore pendant le cours d'un été. J'ai fait à ce sujet plusieurs observations que je me propose de continuer chaque année, et j'espère ainsi pouvoir démontrer par le calcul que la plus grande partie de l'eau qui s'échappe du glacier est enlevée à sa surface, et ne provient nullement de la fonte de sa partie inférieure. J'ai observé cette année, près de ma cabane, sur le glacier inférieur de l'Aar, une table dont le piédestal, de quatre mètres de circonférence, a diminué d'un mètre dans quarante-huit heures.

Dans beaucoup de tables, le piédestal ne se dessine bien qu'au sud; quelques unes ne sont même pas du tout dégagées du côté du nord, de manière qu'elles ne font réellement table que du côté du sud, (voyez la troisième table sur la Pl. 14, à gauche de la grande moraine); et en effet le soleil agissant avec plus d'intensité du côté du midi que du nord, doit nécessairement y dissoudre plus de glace. C'est par la même raison que les tables choient habituellement du côté du midi; la colonne de glace y étant plus réduite que du côté opposé, elle offre moins d'appui à la table, qui finit par pencher de ce côté, jusqu'à ce que son poids l'emporte et qu'elle tombe.

Il est rare de voir des tables dans la partie inférieure du glacier; on ne les rencontre en grand nombre que là où le glacier est peu incliné, ordinairement dans le voisinage des moraines médianes, et surtout dans les endroits où celles-ci sont très-inclinées. Ce sont les blocs de ces dernières qui, en glissant le long de leurs flancs, gagnent la surface du glacier et y deviennent des tables. Les plus nombreuses sont au glacier inférieur de l'Aar, là où la grande moraine médiane se rapproche de la moraine latérale droite, c'est-à-dire à une hauteur d'environ 6500 pieds; sur le glacier de Zermatt, où il y en a beaucoup et de fort belles, elles sont à environ 7000 pieds. Le glacier des Bossons en porte un très-grand nombre et de fort élevées, de même que le glacier de St-Théodule. Ordinairement les glaciers ne sont pas très-crevassés dans les endroits où il y a beaucoup de tables; cependant ces deux phénomènes ne sont nullement incompatibles; et c'est à tort que M. Hugi prétend que les crevasses, au lieu de continuer leur cours sous les tables, les contournent (*). Nous avons vu sur le glacier de St Théodule, au pied du Mont-Cervin, et sur le glacier inférieur de l'Aar plusieurs grandes tables dont la colonne était fendue du haut en bas par une crevasse.

(*) Hugi, *Naturhistoriche Alpenreise*, p. 359.

CHAPITRE X.

DES CONES GRAVELEUX DES GLACIERS.

Les personnes qui ont visité beaucoup de glaciers se rappelleront sans doute d'avoir remarqué quelquefois à leur surface de petits cônes de gravier tout-à-fait semblables à de grandes taupinières. En les abordant on est assez naturellement tenté de les renverser du pied ou d'y introduire son bâton, et l'on est tout étonné de les voir résister au choc. Ils sont en effet d'une dureté et d'une consistance extraordinaires, et lorsqu'on les examine de près, on trouve que l'enveloppe seule est de gravier, et qu'elle recouvre un cône de glace très-compacte. Ce phénomène, quelque bizarre qu'il puisse paraître, s'explique cependant très-facilement, et voici comment : tout le monde sait que lorsque, pour faciliter la circulation de la population, l'on répand, en hiver, du sable ou des cendres dans les rues de nos villes de la zone tempérée, quand une pluie froide vient de changer la neige en verglas, la partie de la glace qui se trouve recouverte par ces matières se conserve plus long-temps que les parties qui n'en étaient pas recouvertes. Ces corps protègent la glace qu'ils recouvrent contre l'évaporation et la fonte. Il en est de même des glaciers ; le gravier qui revêt ces cônes a d'abord été accumulé dans des creux par les petits filets d'eau qui circulent à sa surface ; mais lorsqu'une ouverture vient à se faire dans ces creux, dont le fond est tapissé de gravier, ou qu'une crevasse les traverse et en opère ainsi l'écoulement, le gravier accumulé, se trouvant à sec, agit sur la glace de la même manière que de grands blocs, c'est-à-dire qu'il l'empêche de se fondre et de s'évaporer. Le fond des creux s'élève ainsi d'autant plus rapidement que les surfaces environnantes s'abaissent par l'effet de l'évaporation et de la fonte, et il arrive par là peu-à-peu au niveau du reste de la surface, où il finit par former un cône en relief. Ce cône graveleux s'élève de plus en plus jusqu'à ce que les petits cailloux se détachent de ses flancs devenus trop raides. Le soleil alors parvient en peu de temps à fondre le ciment de glace qui les unit ; la glace arrive à jour, et il n'en faut pas davantage pour opérer en peu de temps la disparition de tout le cône. C'est en petit une répétition du phénomène que nous ont offert les moraines médianes dans leur exhaussement.

Les petits cailloux isolés exercent sur le glacier une action diamétralement opposée à celle du gravier formant tapis ou des grands blocs. Au lieu d'empêcher la fonte ils l'accélèrent, et c'est pourquoi l'on voit souvent un grand nombre de petits cailloux engagés dans la glace à l'endroit où, peu de temps auparavant, on avait remarqué un cône graveleux. De cette manière les cônes graveleux contribuent beaucoup à cette mobilité de la surface des glaciers qui en fait à la fois le charme et la difficulté.

Tous les glaciers ne présentent pas ce curieux phénomène, il est au moins aussi rare que celui des tables et en tout cas moins connu des physiciens. Les glaciers où j'en ai vu le plus grand nombre sont le glacier inférieur de l'Aar et le grand glacier de Zermatt. De même que les tables, ils ne se trouvent guère que dans la partie supérieure ou moyenne des glaciers, là où la pente est peu considérable; ils sont généralement situés aux bords des moraines médianes, auxquelles les petits ruisselets enlèvent le gravier qui sert par la suite à les former. J'en ai vu de dimensions très-différentes, depuis sept à huit pouces de base et cinq ou six pouces de haut, jusqu'à une largeur et une hauteur d'autant de pieds.

Les cônes graveleux nous fournissent ainsi une nouvelle preuve en faveur de l'opinion que j'ai émise plus haut et qui se trouve déjà justifiée par la marche des moraines et des tables, savoir, que c'est en grande partie sinon uniquement par leur surface extérieure que les glaciers se fondent.

CHAPITRE XI.

DE LA FORMATION DES GLACIERS.

La question de la formation des glaciers est, avec celle du mouvement, la plus difficile que nous ayons à traiter. C'est pour en faciliter l'intelligence aux personnes qui n'ont point observé les glaciers sur place, que j'ai commencé par décrire, dans les chapitres précédens, les glaciers tels qu'ils se présentent à l'observateur, leur forme, leur structure, leurs dimensions, les phénomènes nombreux auxquels ils donnent lieu, et la manière dont ils sont influencés par les agens extérieurs. J'espère ainsi avoir mis le lecteur en demeure de juger par lui-même de la valeur des argumens que j'emprunte à ces divers phénomènes. Car il en est des glaciers comme des êtres organisés ; on arrive difficilement à comprendre leur formation et leur développement, si auparavant on ne s'est pas familiarisé avec leurs formes et leur organisation au terme de leur accroissement.

Nous avons dit, en traitant des glaciers en général, que leur origine est dans les régions supérieures ; c'est là, dans les mers de glace et sur les cimes qui les environnent, que tombe annuellement cette immense quantité de neige qui sert à les alimenter. Simler et Scheuchzer sont les premiers qui aient attribué à la transformation de cette neige en glace la formation des glaciers. Plus tard, cette idée a été abandonnée par Gruner qui lui en a substitué une toute contraire et complètement erronée : il paraît avoir emprunté son explication à la manière dont les couches de glace se forment en hiver sur le bord des bassins de nos fontaines ; car il suppose que les glaciers sont dus à l'accumulation des eaux qui, ne pouvant s'écouler pendant l'hiver, se congèleraient dans les hautes vallées des Alpes, et donneraient ainsi lieu aux glaciers. De Saussure et, après lui, Toussaint de Charpentier (*) ont de nouveau démontré que la glace des glaciers est toute différente de celle qui se forme par la congélation de l'eau, et que c'est là une conséquence de son mode de formation.

Des opinions diverses ont été émises sur l'état primitif de la neige dans ces hautes régions. M. Hugi, qui très-souvent a eu à lutter contre le mauvais temps au milieu de la mer de glace de l'Oberland bernois, à des hauteurs de 10 et 12,000 pieds, décrit la neige qui y

(*) Gilbert's Annalen der Physik, vol. 63.

tombe comme une neige fine et sèche (*trocknes Schnee-stöbern* (*). C'est aussi à-peu-près sous cette forme que je l'ai vu tomber l'année dernière et cette année encore sur le glacier de l'Aar, à une hauteur d'environ 7,500 pieds. On trouve chez les montagnards l'idée assez généralement répandue que sur les hauts névés la neige tombe à l'état grenu. Sans vouloir nier le fait d'une manière absolue, je suis porté à croire que l'on s'est peut-être laissé induire en erreur par la structure grenue des neiges dans les hautes régions, qui, comme nous l'avons vu plus haut (Chap. 3), est l'un des caractères des hauts névés. Deux de mes guides, hommes dignes de confiance, m'ont assuré qu'ils avaient vu tomber de la neige floconeuse à de très-grandes hauteurs, comme dans la plaine.

De Saussure (**) cite, comme un fait remarquable, la fréquence de la grêle ou plutôt du gresil dans les hautes régions. Sur 140 observations qu'il fit de deux heures en deux heures, il en compta une de grêle proprement dite et onze de gresil : or, ce gresil n'est probablement pas autre chose que la neige sèche de M. Hugi. Sur les plus hautes sommités, la chaleur du soleil ne parvient guère qu'à fondre la superficie de cette neige, qui, en se regelant, se recouvre d'une croûte ou d'un vernis assez solide. C'est ce qui a lieu,

(*) Hugi, Naturhistoriche Alpenreise, p. 346.
(**) De Saussure, Voyages dans les Alpes, T. 4. p. 284 §. 2075.

suivant de Saussure, sur le sommet du Mont-Blanc; voici ce qu'il dit à cet égard : « Dès qu'il s'élève un « vent un peu fort, ce vent déchire ce vernis, soulève « ces écailles et les fait voler à une très-grande hau-« teur. Il s'y joint des neiges en poussière que le vent « entraîne encore plus facilement. On voit alors, des « vallées voisines, une espèce de fumée que l'on pren-« drait pour un nuage qui s'élève de la cime en sui-« vant la direction du vent. Les gens du pays disent « alors que le Mont-Blanc fume sa pipe (*). J'ai vu cette année le névé recouvert de semblables croûtes de glace au bas de la Strahleck. On conçoit que sur les plus hautes cimes l'évaporation ait à-peu-près seule prise sur les neiges; mais comme l'air est habituellement à une température trop peu élevée, il ne s'en absorbe qu'une faible partie, et l'on devrait s'attendre à les voir s'accumuler indéfiniment, si les vents n'en enlevaient une bonne partie. Aussi suffit-il du plus léger vent pour soulever cette neige fine et l'emporter dans toutes les directions.

L'action dissolvante du soleil sur les neiges augmente en raison inverse de la hauteur; mais ici encore il faut tenir compte de la position des cimes; sur les flancs septentrionaux les neiges sont plus persistantes que sur les flancs méridionaux; elles se transforment moins facilement en glace. C'est essentiellement sur

(*) De Saussure, Voyage dans les Alpes, T. 4, p. 203 § 2013.

les hauts plateaux ou les mers de glace proprement dites que s'opère la transformation du glacier. De toute la masse de neige qui y tombe annuellement, une partie est absorbée par l'évaporation ; une très-faible partie s'échappe à l'état liquide par les canaux souterrains ; mais la partie la plus considérable se transforme en glace au moyen de la fonte opérée à la partie supérieure, l'eau servant à cimenter les couches inférieures, qu'elle transforme en glace en se congelant avec elles. Il est rare que dans les lieux très-élevés la couche annuelle entière soit transformée en glace. Cette transformation de la neige en glace, je voudrais pouvoir dire cette *glacification* progressive de la neige, est cause que certains passages inaccessibles pendant toute l'année deviennent praticables pendant les derniers mois de l'été. Tel est entre autres le glacier de Saint-Théodule, au col de Saint-Jacques, qui ne peut être franchi qu'aux mois d'août et de septembre. Encore à cette époque toute la neige n'est-elle pas fondue ; c'est pourquoi il convient de prendre ses mesures pour le passer avant que la chaleur de midi ait ramolli la croûte extérieure de la neige qui, le matin, est ordinairement assez dure pour pouvoir être franchie sans danger et surtout sans fatigue.

La neige qui tombe sur l'extrémité inférieure des glaciers est loin d'avoir la même importance pour le mécanisme de leur mouvement. Elle se fond ordinairement avant d'avoir eu le temps de passer à l'état de glace compacte ; c'est ce qui fait qu'au printemps, après la fonte des neiges, on retrouve ordinairement les blocs de la surface du glacier aussi dégagés de glace qu'ils l'étaient en automne. Si, au contraire, une partie de la neige avait formé une nouvelle couche de glace dans cette partie du glacier, on devrait les trouver plus ou moins enfoncés dans cette glace, comme cela a réellement lieu dans les régions supérieures. La hauteur à laquelle la neige tombée sur les glaciers se transforme en glace n'est point une ligne constante, comme nous l'avons vu au Chap. 3 ; elle varie dans les divers glaciers, et même dans un seul et même glacier, suivant les années. Dans les glaciers qui descendent au midi, et où l'influence des rayons solaires agit d'une manière plus intense, cette ligne est sensiblement plus élevée que dans les glaciers qui débouchent au nord. De même si un hiver a été très-neigeux et que le printemps qui succède offre de fréquentes alternances de chaud et de froid, toute la neige n'aura pas le temps de se fondre sur place ; mais il s'en transformera une partie en glace, qui s'acheminera avec la masse entière du glacier vers la partie inférieure.

Ce qui prouve en outre que les glaciers se forment presque exclusivement dans les hautes régions, c'est-à-dire au-dessus d'un niveau qui ne peut guère être de moins de 7,000 pieds, mais qui souvent est bien plus élevé, c'est que l'on rencontre souvent, à des hauteurs très-considérables, enclavés entre des glaciers, de vastes espaces couverts de verdure, qui jamais, de souvenir d'homme, n'ont été envahis par la glace. Or, s'il était vrai, comme on l'a prétendu, que la glace des glaciers se reproduisît *sur place* par la congélation de la neige qui y tombe pendant l'hiver, on ne concevrait pas pourquoi la neige qui tombe en aussi grande abondance sur ces espaces non recouverts par les glaciers, ne se transformerait pas également en glace, et pourquoi les glaciers se trouveraient de préférence dans les vallées (*).

Mais, me direz-vous, du moment que la neige fond pendant le jour, et que l'eau qui est résultée de cette fonte se congèle pendant la nuit, toutes les conditions que vous avez assignées à la formation des glaciers, c'est-à-dire à la transformation de la neige en glace se trouvent réunies ; et, cela étant, pourquoi ne se formerait-il pas des glaciers à des niveaux inférieurs à celui des hauts névés ? Je suis loin de prétendre qu'on ne rencontre pas quelquefois, au printemps, des glaces en des endroits où, une année auparavant, l'on avait observé des neiges. Souvent les guides des Alpes

(*) Je sais très-bien que par l'action réfrigérante de ses couches inférieures le glacier active pendant la nuit la congélation de l'eau résultant de la fonte de la neige qui gît à sa surface ; mais cette influence ne saurait être d'aucun effet sur la formation même des glaciers, puisqu'à l'époque où s'opère dans nos Alpes la fonte des neiges hivernales, c'est-à-dire pendant les mois d'avril, de mai et de juin, la température tombe naturellement presque toutes les nuits au-dessous de 0°.

vous disent en vous faisant voir une tache de neige isolée à une grande hauteur : ce sera l'année prochaine une glacière. Cependant ce cas n'en est pas moins fort rare, et il ne se présente jamais que dans les régions très-voisines des hauts névés. L'opinion de Saussure à cet égard me paraît assez juste, quoiqu'il ne l'appuie d'aucun exemple. Voici ce qu'on lit au § 540 de ses voyages dans les Alpes : « Si, à la fin d'un hiver abondant en « neiges, une grande avalanche s'arrête dans un en« droit que sa hauteur ou sa situation tient à l'abri « des vents du midi et de l'ardeur du soleil, et que l'été « suivant ne soit pas bien chaud, toute cette neige « n'aura pas le temps de se fondre ; sa partie inférieure, « imbibée d'eau, se convertira en glace ; l'on verra des « neiges permanentes et même des glaces dans un en« droit où il n'y en avait point auparavant. L'hiver « suivant, de nouvelles neiges s'arrêteront dans cette « même place, et leur masse augmentée résistera en« core mieux que la première fois aux chaleurs de « l'été. Si donc on a quelques étés consécutifs qui ne « soient pas bien chauds, et qui succèdent à des hi« vers abondans en neiges, il se formera des glaciers « dans des places où l'on ne se souvenait pas d'en « avoir vu. »

J'ai vu de petits glaciers de cette sorte sur le flanc septentrional du Mont-Cervin, à une hauteur d'environ 8,000 pieds ; tandis qu'au dessus il y avait une grande tache de névé très-grenu, dont la surface était à peine assez solide pour nous permettre de nous y laisser glisser. Ces glaciers, qui ne me parurent pas être de bien ancienne date, reposaient sur un fond peu incliné et n'avaient qu'une faible épaisseur ; leur glace était moins compacte que celle des grands glaciers ; aussi l'influence des années chaudes s'y fait-elle sentir, dit-on, d'une manière plus sensible que sur les grands massifs de glace.

La présence de ces petits glaciers qu'on pourrait appeler *bâtards*, ne saurait infirmer l'opinion que j'ai émise au commencement de cet ouvrage, savoir, que le berceau de tous les glaciers est dans les hauts névés et en particulier dans les mers de glace, dont ils ne sont que les émissaires destinés à transporter dans les régions inférieures l'excédant de leurs neiges, qu'ils transforment, sous l'influence d'une température plus élevée et d'alternances plus fréquentes de chaud et de froid, en glace de plus en plus compacte. Cette explication est également justifiée par le fait de l'augmentation de plus en plus grande des grains de névés, que je crois pouvoir envisager comme le noyau ou la forme primitive de ces gros fragmens ou prétendus cristaux de glace de l'extrémité inférieure des glaciers. Enfin une dernière preuve, la meilleure de toutes, nous est fournie par le mouvement des glaciers. Si les glaciers se formaient sur place, ou, en d'autres termes, si la neige qui tombe à leur surface pendant l'hiver se transformait en glace, comme c'est le cas dans les mers de glace, ils devraient atteindre un volume beaucoup plus considérable que ces dernières, puisque, à leur quote-part de glace annuelle viendraient s'ajouter continuellement les masses qui descendent des régions supérieures.

Quelquefois les chutes de glace de certains glaciers très-élevés donnent lieu à de nouveaux glaciers qu'on pourrait nommer des *glaciers remaniés*. On en observe un exemple très-frappant au glacier de Schwarzwald. La partie supérieure de ce glacier repose sur le sommet des Wetterhoerner, dont les parois sont très-escarpées du côté de la Scheideck, de manière qu'il s'en détache souvent des masses de glace très-considérables qui, en tombant, se brisent et se triturent complètement. Il en résulte alors de longues coulées blanches qui ont tout-à-fait l'apparence de la neige. On pourrait même croire qu'elles sont composées de neige durcie, si, en les arpentant, on n'y découvrait pas de temps en temps quelques blocs de glace dont le reflet azuré indique qu'ils proviennent des masses du glacier supérieur. Ces éboulis présentent toujours une pente très-régulière comme tous les talus d'éboulement avec une pente de raccordement qui est moins considérable. En peu de temps ces éboulemens se cimentent de nouveau par l'effet de la fonte et de la congélation, et redeviennent une glace aussi compacte qu'auparavant; les moraines reparaissent sur les bords antérieurs et latéraux, en même temps qu'il se forme aussi des crevasses; en un mot, le glacier reprend tout-à-fait le caractère des glaciers ordinaires. Je conseille à tous les naturalistes qui prennent quelque intérêt aux glaciers, de visiter ce petit glacier qui se trouve à un quart de lieue de la route de la Grande-Scheideck, entre Meyringen et Grindelwald.

Les renseignemens que M. Léopold de Buch (*) a publiés sur la limite des neiges éternelles du nord de l'Europe ne laissent aucun doute sur l'identité du mode de formation des glaciers dans les régions polaires avec ceux de la Suisse. Il en est de même de ceux du Spitzberg, que M. Martins a étudiés en détail, et sur lesquels il vient de publier des observations du plus grand intérêt (**). Suivant cet auteur, la glace de ces glaciers ressemble en tous points à celle des glaciers supérieurs ou névés des Alpes, c'est-à-dire qu'elle n'est point formée de la réunion de fragmens intimement unis et n'a point cette compacité qui caractérise la glace de la partie inférieure de nos glaciers. Cela paraît en effet très-naturel du moment que l'on sait que la température moyenne des régions de nos névés correspond à celle du bord de la mer au Spitz-

(*) Ueber die Grenzen des ewigen Schnees im Norden. *Gilbert's Annalen der Physik*, vol. 41.

(**) Observations sur les glaciers du Spitzberg comparés à ceux de la Suisse et de la Norvège, par Ch. Martins. *Biblioth. univ. de Genève*, 1840, n° 55. Voy. aussi Bullet. de la Soc. géol. de France Tom. XI, p. 282.

berg ; or, nous avons vu que la glace des glaciers proprement dits n'acquiert sa compacité qu'à mesure que ceux-ci descendent dans les régions inférieures où la température est peu élevée. Enfin Scoresby, dans sa description des régions arctiques (*), dit positivement avoir remarqué de la glace au-dessous de la neige, et il fait observer que cette glace est formée par l'infiltration réitérée de l'eau résultant de la fonte de la neige.

(*) Scoresby, Account of the arctics regions, 1820.

CHAPITRE XII.

DU MOUVEMENT DES GLACIERS.

Une foule de circonstances tendent à démontrer que les glaciers se meuvent constamment dans le sens de leur pente. Je rappellerai à ce sujet ce que j'ai dit plus haut de la mobilité de la surface des glaciers en général et de la marche des moraines en particulier. On sait que les moraines atteignent leur plus grand développement dans la partie inférieure du glacier; or, cette accumulation de blocs à l'endroit où il s'en détache le moins des parois latérales, ne se concevrait pas si l'on ne savait que les moraines viennent de plus haut. C'est en effet ce dont on peut se convaincre par l'observation directe : tel bloc dont l'on aura déterminé la position exacte vis-à-vis d'un point quelconque des parois qui encaissent le glacier, s'en trouvera plus ou moins éloigné au bout de quelques années. Tel autre bloc que vous aurez remarqué cette année au-dessus de la voûte terminale d'un glacier, gîra l'année prochaine dans la rivière ou se trouvera même refoulé au-delà.

Une autre preuve en faveur de la marche des glaciers se tire de la nature même des blocs qui constituent les moraines : ces blocs étant pour la plupart d'une roche complètement différente de celle qui forme les parois du glacier dans sa partie inférieure, il est impossible qu'ils s'en soient détachés ; il faut par conséquent qu'ils viennent d'ailleurs. Or, si l'on poursuit la moraine en amont du glacier, à l'effet de connaître son origine, l'on finira infailliblement par arriver à l'endroit où la roche qui composait les parois dans le bas, fait place à des roches de même nature que la moraine, et qui évidemment en ont fourni les matériaux. Je pourrais citer à ce sujet une foule de glaciers où les choses se passent de cette manière ; c'est ainsi que le glacier de Rosenlaui qui, à son issue, est encaissé entre des parois d'un calcaire noir, charrie une quantité de blocs de granit, provenant des crêtes voisines du Wetterhorn. Le glacier de Zmutt, dans la vallée de St-Nicolas, a sa moraine gauche composée d'un très-beau gabbro, tandis que ses berges sont serpentineuses dans toute la partie inférieure de son cours. La moraine du glacier de Zermatt, qui longe les parois serpentineuses du Riffelhorn, est complètement granitique. Il en est de même du glacier des Bois, dont les moraines sont granitiques, tandis que les rives près du glacier, de son issue, sont schisteuses (*).

Mais ce qui m'a fourni la preuve la plus incontestable de la marche descendante des glaciers, ce sont les observations que j'eus l'occasion de faire l'année dernière sur le glacier inférieur de l'Aar. Mon intention était de visiter le point de jonction des glaciers du Finsteraar et du Lauteraar, où M. Hugi avait construit une cabane en 1827, pour y passer la nuit. Nous cheminions depuis près de quatre heures sur la grande moraine médiane (voy. Pl. 14), lorsque nous découvrîmes tout-à-coup une cabane très-solidement construite. Nous ne supposions pas que ce pût être

(*) Ces faits démontrent suffisamment que la manière dont M. Godeffroy explique la formation des moraines, en admettant qu'elles sont simplement un ancien terrain détritique tertiaire relevé par le glacier, est non-seulement complètement imaginaire, mais encore qu'elle ne répond en aucune façon aux phénomènes que l'on observe à différentes hauteurs dans le lit de tous les glaciers. Si les choses se passaient comme M. Godeffroy le suppose, l'on ne comprendrait pas pourquoi les glaciers ont encore des moraines de nos jours et pourquoi les hautes vallées ne sont pas depuis long-temps complètement débarrassées de tous leurs dépôts meubles; et cependant la supposition de l'existence, sous le glacier, d'un terrain détritique tertiaire, dont M. Godeffroy ne signale ni les caractères, ni l'origine, et qui paraît n'être là que pour former les moraines, lorsque le glacier vient à le sillonner, est la cheville-ouvrière de toute sa théorie, comme il l'appelle, la pensée-mère de tout son ouvrage, autour de laquelle sont venues se ranger et se grouper toutes les autres! — *Godeffroy*, Notice sur les glaciers, p. 87.

celle de M. Hugi, car nous savions qu'elle avait été construite au pied du rocher *Im Abschwung*, qui forme l'angle de l'arête qui sépare les deux glaciers, et nous étions encore à une très-grande distance de ce rocher. Il nous semblait aussi que les murs étaient trop bien conservés pour que nous pussions croire qu'ils eussent résisté pendant douze ans aux ouragans qui se déchaînent si fréquemment dans ces hautes régions. Cependant c'était bien réellement la cabane de M. Hugi, et voici comment nous en acquîmes la preuve. Nous découvrîmes une bouteille brisée sous un petit tas de pierres qui servait à fixer une longue perche sur un immense bloc situé à côté de la cabane (Pl. 14). Cette bouteille contenait plusieurs papiers qui nous apprirent que M. Hugi avait construit cette cabane en 1827, au pied de l'*Abschwung*. Un autre billet de la main de M. Hugi portait qu'en 1830 il était venu revoir sa cabane, et qu'il l'avait trouvée éloignée de quelques cents pieds de son premier emplacement; que six ans plus tard (en 1836) il l'avait visitée une troisième fois, et qu'il l'avait trouvée à 2200 pieds du rocher. Un troisième billet portait que plusieurs naturalistes de Bâle et de Berne avaient restauré la cabane quelques semaines auparavant, qu'ils y avaient passé la nuit avec l'intention de se rendre le lendemain par la mer de glace à Grindelwald, mais que le mauvais temps les avait empêchés de donner suite à leur projet (*). Nous nous empressâmes de mesurer, à l'aide d'une longue corde, dont nous nous étions munis, la distance de la cabane au rocher, et nous la trouvâmes de 4400 pieds.

Il résulte de ces faits que pendant les trois dernières années le glacier a fait autant de chemin que pendant les dix premières; ce qui semble indiquer une marche de plus en plus rapide à mesure qu'il avance dans la vallée. Il serait fort important que l'on pût observer chaque année la marche de cette cabane, afin que si elle venait à être complètement détruite, l'on conservât du moins quelques indices de sa position. Cette année (1840) je l'ai trouvée très-délabrée et 200 pieds plus bas que l'année dernière; mais les objets qu'elle renfermait se voient encore entre les blocs du toit qui se sont abattus. Si tout cela venait à disparaître, l'on aurait toujours, pour se guider dans la recherche de cette intéressante cabane, la présence du grand bloc de granit qui se distingue de loin par sa couleur blanchâtre (**). La cabane

(*) Nous y trouvâmes en outre des cartes de visites de plusieurs de nos amis de Neuchâtel qui avaient été sur les lieux quelques temps auparavant.

(**) Il y avait dans l'intérieur de la cabane une épaisse litière d'herbes sèches et autour de la cabane un tas de souches de genévriers et plusieurs perches éparses; le gros bloc de granit sur lequel est dressée la perche qui sert de signal en est à quelques pas. J'eus soin de consigner ces observations dans le livre des voyageurs à l'hospice du Grimsel, afin de faciliter l'étude de ces curieux phénomènes à ceux qui voudront s'en occuper.

dans laquelle j'ai séjourné moi-même cette année est à 2000 pieds au-dessus de celle de M. Hugi. J'ai eu soin d'inscrire sur l'une des parois du bloc qui nous servit de toit, la distance de là à l'Abschwung, qui est de 797 mètres. J'ai en même temps taillé des points de repères sur les deux flancs de la vallée.

Peut-être parviendra-t-on quelque jour à connaître le trajet que les moraines font dans un temps donné; mais pour arriver à des résultats généraux à ce sujet, il importerait de faire pendant de longues années des observations suivies sur un grand nombre de glaciers, en tenant compte à la fois de l'action si variée des agens atmosphériques, ainsi que de la forme, de la position et de l'inclinaison des glaciers. Or, de pareilles expériences ne sont point à la portée des particuliers; il n'appartient qu'aux grands corps savans d'en tenter l'exécution, en établissant des stations fixes pour l'observation.

Mais si le fait de la marche des glaciers ne souffre aucun doute, il s'en faut de beaucoup que l'on soit d'accord sur la manière dont cette progression s'opère. Autrefois l'on admettait tout simplement qu'ils glissaient sur leur fond, en vertu de leur propre pesanteur, et que ce glissement était favorisé par les eaux au fond de leur lit. Cette explication paraissait d'autant plus naturelle que tous les glaciers sont plus ou moins inclinés. C'était l'opinion de Saussure, qu'il avait empruntée à Gruner, et c'est ce qui fait que, de nos jours encore, beaucoup de personnes la défendent, non pas qu'elles aient fait des observations à ce sujet, mais parce que l'on a en quelque sorte contracté l'habitude d'adopter sans examen toutes les explications et les hypothèses concernant les glaciers, qui sont contenues dans les *Voyages dans les Alpes.*

Il s'en faut de beaucoup que les faits que de Saussure cite comme preuve que les glaciers glissent sur leur fond, soient aussi concluans qu'ils le paraissent; et d'abord le fait si souvent répété de ce bloc de granit poussé en avant par les glaces (*) ne prouve autre chose qu'un mouvement du glacier, mais n'explique

(*) «Au mois de juillet 1761, je passais avec mon guide (Pierre Simon) sous un glacier très-élevé, qui est au couchant de celui des Pèlerins; j'observais un bloc de granit, de forme à-peu-près cubique, et de plus de 40 pieds en tout sens, assis sur des débris au pied du glacier, et déposé dans cet endroit par ce même glacier: hâtons-nous, me dit Pierre Simon, parce que les glaces qui s'appuient contre ce rocher, pourraient bien le pousser et le faire rouler sur nous. A peine l'avions-nous dépassé, qu'il commença à s'ébranler; il glissa d'abord assez lentement sur les débris qui lui servaient de base; puis il s'abattit sur sa face antérieure, puis sur une autre; peu-à-peu il se mit à rouler, et la pente devenant plus rapide, il commença à faire des bonds, d'abord petits et bientôt immenses: on voyait à chaque bond jaillir des éclats et du bloc même et des rochers sur lesquels il tombait; ces éclats roulaient après lui sur la pente de la montagne; et il se forma ainsi un torrent de rochers grands et petits, qui allèrent fracasser la tête d'une forêt dans laquelle ils s'arrêtèrent après avoir fait en peu de momens un chemin de près d'une demi-lieue, avec un bruit et un ravage étonnans.» — *De Saussure*, Voyages dans les Alpes. Tom. I. p. 384 et 538.

nullement son mode de progression. On verra plus tard que cette progression s'explique très-bien par l'effet de la dilatation de la glace, que j'envisage comme la cause essentielle du mouvement des glaciers. Le second fait cité par de Saussure, savoir que les glaciers chassent devant eux les terres et les pierres accumulées devant leur glace àleur extrémité inférieure, trouve également une explication très-naturelle dans l'effet de la dilatation. Quant à l'opinion de certains auteurs (*) et notamment de Gruner, qui, pour expliquer le phénomène du mouvement, fait jouer un rôle important à de prétendues grandes masses d'eau circulant sous le glacier, elle mérite à peine d'être réfutée, et l'on ne conçoit pas qu'elle ait pu prévaloir si long-temps sur celle de Scheuchzer, dont M. Toussaint de Charpentier s'est fait plus tard le zélé défenseur, sans doute sans savoir qu'elle avait déjà été proposée par Scheuchzer plus d'un siècle avant lui. Quiconque a observé avec quelle impétuosité les glaces flottantes cheminent sur nos grands fleuves, à l'époque de la fonte des neiges, même dans la partie de leur cours où la pente de leur lit est *infiniment moins roide* que celle des hautes vallées dans

(*) Il va sans dire que je ne puis m'arrêter à examiner et à réfuter tous ces on-dit, qui sont rapportés par certains auteurs sur la foi de guides plus ou moins intéressés à insister sur le merveilleux et qui ne craignent pas de faire faire des bonds de dix à vingt pieds aux plus grands glaciers.

lesquelles se meuvent les glaciers, devra reconnaître que s'il en était de nos glaciers comme Gruner le suppose, leur masse se trouverait à-peu-près dans les mêmes conditions que les glaces flottantes, et serait depuis long-temps allée grossir le nombre des îles de glace de la Mer du Nord, ou enverrait continuellement des blocs de glace à la Méditerranée, à l'Adriatique et à la Mer Noire.

Des personnes peu familiarisées avec les phénomènes si variés des glaciers, me citeront peut-être comme une preuve que les glaciers glissent sur leur fond, les chutes partielles de certains glaciers dont les conséquences ont été si désastreuses pour les vallées qui en furent le théâtre. Pour prévenir toute récrimination à ce sujet, je crois devoir entrer ici dans quelques détails sur ce fait. Le plus souvent ces chutes ne sont autre chose que des blocs ou des aiguilles de glace qui, isolées de la masse du glacier par les crevasses, se détachent de sa surface, lorsque leur poids vient à l'emporter sur leur force d'adhérence. Elles se reproduisent dans beaucoup de glaciers sous forme de lawines ou d'avalanches de glace (*); mais l'on n'y fait en général at-

(*) Pendant l'été on voit à-peu-près tous les jours de ces chutes de glace à la mer de glace de Chamounix, à la Jungfrau, au glacier inférieur de Grindelwald et aux Wetterhœrner; la partie inférieure du glacier de Schwarzwald est même composée en partie de pareilles avalanches de glace (voy. plus haut p. 141.)

tention que lorsque la masse éboulée cause des dommages considérables. Il n'est personne qui n'ait entendu parler de la débâcle occasionnée dans la vallée de Bagnes par le glacier de Gétroz. Ce glacier se termine brusquement au-dessus d'une paroi abrupte du Mont-Pleureur, d'environ 500 pieds de haut. Les masses qui s'en détachaient continuellement occasionnaient autrefois, en tombant, une sorte de digue qui entravait l'écoulement des eaux de la Dranse, qui coule au pied du glacier. En 1815, les débris du glacier augmentèrent à tel point, qu'ils formèrent, pendant l'hiver de 1817 à 1818, une digue de 500' de haut, sur 800' de large. Les eaux s'accumulant derrière cette digue, finirent par y former un véritable lac, dont le niveau alla constamment en montant jusqu'au 16 juin 1818, où la pression de l'eau étant devenue trop forte, la digue se rompit subitement. Cette masse d'eau, tout-à-coup affranchie de sa barrière, s'écoula avec une telle impétuosité, qu'elle ravagea toute la vallée de Bagnes, jusqu'à Martigny (*). Déjà en 1595, cette même vallée fut inondée par une chute de ce glacier. Ces chutes continueraient encore à l'heure qu'il est, si, pour prévenir de nouvelles débâcles, M. Venetz n'avait eu l'heureuse idée de couper le glacier à l'aide de courans d'eau qu'il fait arriver à sa surface, de manière

(*) Meissner, Naturwissench. Anzeiger, 1818. N° 12.

à le scier transversalement et à limiter son extension. (*) Le lac de Distel, dans la vallée de Saas, est formé de la même manière par un glacier. Il a rompu plusieurs fois sa barre en inondant toute la plaine (**).

De pareilles digues, occasionnées par des avalanches de glaces, se voient aussi en Tyrol, où, suivant M. Hoffmann, elles donnent lieu à des lacs d'une étendue considérable (***), tels que les lacs de Rofnen et de Gurglen, qui ont près de 4000 pieds de large, et qui jusqu'ici se sont toujours écoulés sans causer de dégâts. Le lac de Passey, du côté de l'Adige, est dû à une immense digue; son origine remonte, dit-on, à l'an 1404; depuis lors il n'a cessé d'exister, et jusqu'en 1773 il avait rompu six fois sa digue, en causant chaque fois d'épouvantables ravages dans la vallée de l'Adige.

Il arrive aussi quelquefois que toute la partie inférieure des glaciers se détache spontanément. Des chutes de cette nature ont eu lieu à plusieurs reprises dans les Alpes, et toujours elles ont causé de très-grands ravages, notamment lorsque le glacier était très-élevé au-dessus de la vallée; elles sont alors d'autant plus redoutables que l'on ne possède aucun moyen de les prévenir. Parfois l'ébranlement qu'elles occasionnent dans l'air

(*) Meissner. Naturwissensch. Anzeiger. 1823. N. 11.

(**) Venetz, dans les Denkschriften der allg. sweizerischen Gesellschaft, Vol. 1, 2e part., p. 19.

(***) F. Hoffmann, Physikalische Geographie, p. 290.

suffit pour culbuter des villages entiers. De pareils désastres ont surtout été causés par les chutes du glacier de Randa. L'histoire du Valais a gardé le souvenir de plusieurs chutes qui répandirent la désolation parmi les habitans de la vallée de Saint-Nicolas. La dernière chute de ce glacier eut lieu le 27 décembre 1819. Voici ce qu'on lit à ce sujet dans le *Rapport officiel* de M. l'ingénieur J. Venetz, au conseil d'état du canton du Valais (*) : « Le village de Randa est à six lieues de Viège, dans la vallée de Saint-Nicolas. Il est situé à environ 2,400 pieds de la rive droite de la rivière, sur une colline de décombres assez raide, dont le fond pierreux a été transformé en prairies par l'activité des habitans. En face de cette colline de décombres on en remarque une autre au-dessus de laquelle s'élèvent les rochers sur lesquels repose le glacier de Randa; la plus haute cime, qui porte le nom de Weisshorn (pic blanc), est élevée d'environ 9,000 pieds au-dessus du village. La vallée a près d'une demi-lieue de large; en cet endroit le village lui-même est à environ 250 pieds au-dessus du niveau de la rivière.

« Le 27 décembre, à 6 heures du matin, une partie du glacier de Randa se détacha de l'une des parois très-escarpées de la cime du Weisshorn, et se précipita avec un bruit semblable au tonnerre sur les masses

(*) Ce rapport est reproduit dans le Naturwiss. Anzeiger de Meissner, 1820, N° 8.

inférieures du glacier. Au même instant le curé, le marguillier et plusieurs autres personnes aperçurent une vive lueur qui ne dura qu'un instant, pour faire de nouveau place à la plus profonde obscurité. Un coup de vent très-violent, occasionné par la pression de l'air, succéda immédiatement à cette lueur et causa au même instant les plus terribles ravages.

« L'éboulis du glacier n'atteignit pas le village ; mais le coup de vent dont je viens de parler était tellement fort, qu'il transporta des meulières à plusieurs toises de distance et déracina les plus gros mélèzes, qu'il jeta à de grandes distances ; des blocs de glace de quatre pieds cubes furent lancés par dessus le village, par conséquent à plus d'une demi-lieue ; la flèche du clocher en pierre fut enlevée ; des maisons furent renversées jusqu'à leur base, et les poutres de plusieurs bâtimens transportées dans la forêt à une demi-lieue au-dessus du village. Huit chèvres qui étaient renfermées dans une étable, furent lancées à plusieurs cents toises, et, ce qui est des plus remarquables, l'une d'elles fut retrouvée vivante. Jusqu'à un quart de lieue au-dessus du village les toits des granges situées en face du glacier ont été enlevés.

« Dans le village, neuf maisons furent complétement détruites, les treize autres sont toutes plus ou moins endommagées ; dix-huit greniers, huit étables, deux tas de blé et soixante-douze granges ont été ou complètement renversées, ou tellement disloquées, qu'elles ne peuvent plus être d'aucun usage. De douze personnes renversées, dix ont eu la vie sauve ; une a été trouvée morte dans les décombres, une autre n'a pas reparu.

« L'éboulis, composé de neige, de glace et de pierres, a envahi les prés et les champs au-dessous du village, sur une étendue d'au moins 2,400 pieds de long et 1,000 pieds de large ; sa hauteur est d'au moins 150 pieds, terme moyen ; de manière que toute la masse éboulée équivaut à un volume de 360,000,000 pieds cubes. Le dommage causé peut être évalué à environ 20,000 francs. Un fait très-curieux, c'est que plusieurs granges situées sur la rive opposée au-dessous du glacier, bien que recouvertes à-peu-près complètement, n'ont cependant point été endommagées ; elles étaient abritées contre le coup de vent. Ce qui est plus remarquable encore, c'est qu'il n'y ait eu que deux personnes tuées, quoique plusieurs familles aient été enlevées avec leurs maisons et enterrées sous des décombres de neige. Les prompts secours du curé, qui n'avait souffert aucun dommage dans sa maison, et des deux marguilliers qui avaient échappé au danger dans le clocher, ont beaucoup contribué à sauver ces malheureux.

« Ce n'est pas la première fois qu'une pareille catastrophe frappe le village de Randa. En 1636 il fut dévasté par un semblable éboulement, et 36 personnes perdirent la vie : on prétend que cette fois tout le glacier du Weisshorn se détacha. Deux autres chutes, l'une en 1736, et l'autre en 1786, furent moins désastreuses et n'envahirent pas le même endroit.

« Cette fois, ce n'est qu'une petite partie du glacier qui s'est détachée, et l'on ne comprend pas comment le reste peut encore se maintenir, étant privé de l'appui que lui offrait la partie éboulée. A l'aide d'une longue vue, on y distingue de très-grandes crevasses qui déjà, avant la chute, avaient été observées avec épouvante par plusieurs chasseurs de chamois ; la partie qui vient de s'ébouler était, m'a-t-on assuré, séparée du reste de la masse par une crevasse semblable. Il n'est donc que trop à craindre que le glacier ne se maintienne pas long-temps sur cette pente abrupte, et qu'une nouvelle chute ne vienne consommer la ruine du village de Randa. »

Pour peu que l'on veuille avoir égard aux circonstances qui déterminent ces chutes de glaciers, on se convaincra qu'au lieu de faire naître l'idée d'un glissement, elles peuvent, au contraire, servir d'argument contre cette manière de voir. En effet, tous les glaciers qui sont sujets à des chutes considérables sont généralement très-inclinés dans leur partie inférieure. Il y en a dont l'inclinaison dépasse 30 et même 40° ; celle du glacier de Randa, entre autres, m'a paru être de plus de 30°. Or, comment se fait-il que ces glaciers se maintiennent sur une pente semblable? car il est certain que de la glace qui ne serait pas adhérente au sol devrait glisser sur une pente bien moins forte. On m'objectera peut-être que s'ils ne tombent pas, c'est parce qu'ils sont adhérens à la masse qui est derrière; qu'ils ne tombent qu'autant qu'un accident quelconque vient à les en détacher. Mais il est à remarquer que dans ces endroits inclinés le glacier est ordinairement tellement crevassé, que l'adhérence entre la partie terminale et les masses qui sont derrière ne peut être que très-faible. D'ailleurs nous avons vu que M. Venetz observa d'immenses crevasses dans le glacier de Randa immédiatement après sa chute, ce qui lui fit craindre un nouvel éboulement qui n'a pas encore eu lieu; d'où je conclus que si, malgré cette solution de continuité et par une pente aussi roide, l'extrémité du glacier ne s'est pas détachée depuis vingt ans, c'est parce qu'elle adhère au sol. Or, une pareille adhérence exclut de prime-abord toute idée d'un glissement; et si malgré cela un glacier vient à s'ébouler, ce ne peut être que lorsque le poids des masses gisant sur un plan incliné l'emporte sur leur adhérence avec le fond. Mais comment se fait-il, me demandera-t-on, que tout en adhérant au sol sur lequel il repose, le glacier soit susceptible d'avancer? C'est ce que je vais essayer de démontrer.

Nous avons vu au Chap. III, en traitant de la structure des glaciers, que leur glace n'a point la texture continue de la glace ordinaire. Dans la partie supérieure des vallées alpines, c'est en quelque sorte une masse spongieuse, imbibée sans cesse des eaux atmosphériques et de celles qui proviennent de la fonte de sa partie supérieure. Dans les régions moyennes et inférieures des vallées, cette masse spongieuse devient de plus en plus compacte ; mais, à raison de son origine et de sa structure intime, la glace se désagrège facilement, au moindre rehaussement de la température, en une masse de fragmens angulaires de différentes grandeurs, entre lesquels l'eau de la surface s'infiltre comme dans les hauts névés. Et même à des profondeurs où la glace ne se désagrège pas complètement, elle apparaît encore criblée de fissures capillaires qui s'entrecroisent dans tous les sens, et qui sont dues à la cimentation de ces mêmes fragmens. Un heureux hasard a fait remarquer à M. F. de Pourtalès, qui m'accompagnait cette année dans les glaciers, qu'en soufflant fortement contre les parois de glace, on mettait en évidence toutes les nombreuses fissures qui traversent sa masse, en même temps qu'on déplaçait par là l'eau qu'elle renferme. Nous nous sommes assurés de cette manière que la glace en apparence la plus compacte n'en est pas moins fissurée dans tous les sens. L'eau qui pénètre dans le glacier remplit ces fissures ; or plus la glace est désagrégée, plus il s'infiltre d'eau, qui pénètre à des profondeurs variables. Cette eau, dont la température est constamment voisine du point de congélation, se transforme en glace au moindre refroidissement, et tend ainsi à dilater le glacier dans tous les sens, à raison de sa propre dilatation par le gel.

On a objecté à cette explication le fait de la résistance que devrait opposer à la dilatation une masse aussi inerte et aussi puissante que celle du glacier, et l'on a prétendu qu'en tous cas l'effet de cette dilatation ne pourrait agir que de bas en haut, attendu que la résistance de l'air ne saurait être comparée à celle de la masse du glacier, et que de même que de l'eau enfermée dans un vase n'exerce une forte pression sur ses parois qu'autant que le vase est fermé, tandis que si le vase est ouvert la glace se dilate de préférence dans la direction de la moindre résistance, de même aussi les glaciers ne sauraient se dilater que vers le haut. En théorie, cette objection est rigoureuse, et nous verrons plus bas, en parlant des efflorescences des glaciers, (Chap. XV) qu'une pareille dilatation a réellement lieu dans les crevasses superficielles, lorsque l'eau qui s'y trouve renfermée monte à la surface par l'effet de la dilatation qui résulte du gel. Mais ce n'est pas ainsi que les choses se passent dans l'intérieur des glaciers. Le réseau de fissures capillaires qui pénètre la masse du glacier est lui-même le principal obstacle à une pareille ascension des eaux contenues dans le glacier. Cette prétendue ascension de l'eau y est aussi nulle qu'elle le serait dans un réseau de petits tubes qu'on exposerait subitement à la congélation. De plus, la glace est, comme l'eau, un mauvais conducteur de la chaleur ; or, comme les variations de température se font d'abord sentir à la surface, il peut arriver que celle-ci soit gelée avant que le froid ait eu le temps de se communiquer à l'intérieur du glacier, de manière que la dilatation dans cette direction éprouverait la même résistance que latéralement. L'effet de la dilatation ne peut donc pas se reporter uniquement à l'extérieur et se perdre à la surface du glacier.

L'effet du gel tend à dilater la masse entière du glacier ; mais cette dilatation est inégale à différentes profondeurs, à raison de la quantité inégale d'eau qui s'infiltre dans les parties plus profondes et dans les parties superficielles de la glace. Les parties plus profondes, pénétrées d'une quantité moins considérable d'eau, se dilatent moins que les parties plus superficielles qui, se désagrégeant plus fortement sous l'influence des variations de la température, reçoivent ainsi une plus grande quantité d'eau dans leurs interstices. Il résulte de là que chaque couche du glacier se dilate d'autant plus qu'elle est plus superficielle, ou, en d'autres termes, que le mouvement des couches superficielles doit être plus considérable que celui des couches inférieures, parce qu'il est le résultat de la dilatation d'une plus grande masse d'eau. Mais comme le glacier est contenu des deux côtés par les flancs de la vallée, et en haut par le poids des masses supérieures, toute l'action de la dilatation se porte naturellement dans le sens de la pente, qui est le seul côté qui lui offre une libre issue et vers lequel elle doit déjà tendre en vertu de la loi de gravitation. La couche superficielle doit en outre se mouvoir d'autant plus vite, qu'indépendamment du mouvement qui lui est propre, elle se meut de toute la vitesse des couches inférieures ; si bien qu'en supposant la couche inférieure du glacier mue d'une vitesse 1, la couche moyenne d'une vitesse 2, et la couche superficielle d'une vitesse 3, la vitesse active de la couche moyenne ne sera pas seulement 2, mais $2+1$ et la vitesse de la couche superficielle $3+2+1$; c'est-à-dire qu'elle sera double de ce qu'elle serait si elle n'était point activée par la vitesse propre des couches inférieures. Il est un fait qui démontre de la manière la plus évidente cette inégalité de vitesse dans la marche des différentes couches du glacier, et qui a déjà été signalé par M. Hugi ; ce sont les cascades qui tombent dans l'intérieur des glaciers. Les parois des couloirs auxquels ces cascades donnent lieu sont d'abord verticales ; mais peu-à-peu la couche supérieure commence à faire saillie et surplombe l'ouverture ; la seconde couche s'avance sur la troisième et ainsi de suite, de manière que les parois des couloirs finissent par imiter la forme d'un escalier renversé. Je renvoie pour l'intelligence de ce fait à la figure que M. Hugi en a donnée dans son Voyage dans les Alpes, Pl. 3, figure supérieure.

En parlant des moraines et des crevasses, j'ai déjà

fait remarquer que les bords des glaciers cheminent aussi plus rapidement que le milieu, et nous avons déduit ce fait du rejet des blocs sur les bords des glaciers et de la forme souvent arquée des crevasses, dont la convexité est dirigée vers la partie supérieure de la vallée. Cette différence de vitesse se conçoit en effet aisément lorsqu'on réfléchit à la cause du mouvement des glaciers : comme les changemens de température qui désagrègent la glace lui permettent de se pénétrer d'une quantité d'eau plus ou moins considérable, il est évident que les bords des glaciers qui sont adossés contre les parois des vallées et qui s'arrondissent ordinairement par l'effet de la réverbération doivent aussi se fissurer plus fortement que le milieu de la surface; et comme la masse d'eau qui s'infiltre dans le glacier est toujours en raison directe du nombre des fissures capillaires, le volume d'eau qui peut pénétrer dans les parties latérales du glacier est plus considérable qu'au milieu, et doit accélérer d'autant la marche de ses bords.

Tous ces faits, qui s'expliquent si bien mutuellement, seraient autant d'énigmes si les glaciers se mouvaient simplement par l'effet d'un glissement sur leur fond, car si cette supposition était fondée, la partie moyenne des glaciers devrait avoir un mouvement plus rapide que les bords, par la raison que le fond des vallées est toujours plus excavé.

Escher de la Linth, pour soutenir la théorie du glissement, allégua, à tort, que la masse des glaciers s'écroule continuellement sur elle-même par suite des cavernes qui se forment à la face inférieure. La pression latérale qu'occasionneraient ces écroulemens, jointe à la tendance qu'auraient les masses adjacentes à combler les vides formés par ces écroulemens, serait, selon lui, la cause qui détermine le mouvement des glaciers. Cette assertion est évidemment erronée; car s'il en était ainsi, comment expliquer la régularité que l'on observe encore dans la disposition de leur masse, après un cours souvent très-long, et à la suite de mouvemens aussi violens et aussi perturbateurs que le seraient des éboulemens et des affaissemens continuels?

L'explication que je donne ici du mouvement des glaciers n'est pas nouvelle; et nous avons vu plus haut (page 4) que déjà Scheuchzer l'a proposée dans son *Itinera alpina*. La manière dont M. T. de Charpentier l'a développée ne me paraît pas entièrement admissible (*); selon lui la congélation de l'eau, contenue dans les crevasses (**), joue le plus grand rôle dans la dilatation des glaciers, ce qui est évidemment erroné; car la formation d'une croûte de glace, même de plusieurs pouces d'épaisseur, à la surface

(*) Gilbert's Annalen der Physik, vol. 63.

(**) Il ne faut pas confondre les crevasses avec les fissures capillaires qui sont bien aussi des crevasses, mais qui, à raison de leur petitesse, se comportent d'une manière toute différente dans le glacier.

d'une large crevasse pleine d'eau et ouverte par le haut, ne peut pas exercer une influence notable sur des parois aussi épaisses que celles qui cernent ordinairement les crevasses ; ce n'est qu'en tenant compte de l'infiltration d'une grande masse d'eau, dans le réseau profond des fissures capillaires qui pénétrent plus ou moins distinctement toute la masse du glacier que l'on parvient à concevoir ses mouvemens réguliers et progressifs. M. Biselx (*), Prieur du St-Bernard, publia peu de temps après M. Toussaint de Charpentier, un mémoire sur les glaciers, dans lequel se trouvent consignées de nombreuses observations sur le mouvement des glaciers, qu'il attribue, comme M. de Charpentier, à la dilatation de l'eau imbibée dans les fissures et les crevasses. Gilbert, dans les Annales duquel parurent les mémoires des deux auteurs, attribue, sans doute pour de bonnes raisons, cette théorie à M. Biselx. Ces mémoires excitèrent dans le temps des débats très-animés. Escher de la Linth (**) surtout les combattit avec beaucoup d'ardeur, en faisant valoir une foule d'argumens spécieux en faveur de la théorie du glissement. Mais malgré l'autorité de son nom, ses

(*) Ueber den Schnee, die Lauwinen und die Gletscher in den Alpen, von Peter Biselx, Prior des Hospiz auf dem St-Berhardsberge, in Gilbert's Annalen der Physik, vol. 64, p. 183.

(**) Gegenbemerkungen ueber die von H. T. v. Charpentier aufgestellte Erklærung des Vorwærtsgehens der Gletscher, von Escher, Linth-Præsident, in Gilberts Annalen der Physik. Vol. 69, p. 113, avec des notes de Gilbert.

idées ne devaient pas prévaloir sur l'évidence des faits signalés par MM. Biselx et de Charpentier, antérieurement par Scheuchzer.

Ce que M. Godeffroy dit du mouvement cyclique des glaciers, qui s'enrouleraient pour ainsi dire continuellement sur eux-mêmes, de manière à reployer leurs bords sur le centre, est complètement imaginaire; je ne connais aucun fait qui puisse même faire supposer une pareille rotation, tandis qu'il est notoire que les blocs qui gisent sur le glacier sont rejetés avec le temps sur les bords. Il en est de même de l'impulsion puissante que l'on a prétendu que la partie inférieure des glaciers recevait des masses de glace et de neige qui s'accumulent dans les régions supérieures. Il est incontestable que ces masses exercent une pression sur celles qui sont situées plus bas, et nous avons vu plus haut que cette pression est l'une des causes qui déterminent la direction du mouvement des glaciers dans le sens de leur pente; mais cette influence est cependant plus négative que positive. Si l'on pouvait attribuer le mouvement des glaciers à une pareille pression à *tergo*, ils devraient présenter tous un talus naturel; car rien n'empêcherait ces masses, pressées d'en haut sur d'assez fortes pentes, de s'égaliser dans leur chute; les glaciers qui se réunissent après avoir parcouru des distances inégales, devraient continuellement se disloquer à raison de l'inégalité de pression qu'ils subiraient; ceux qui se rattachent aux plus hautes sommités devraient descendre plus bas; enfin les glaciers peu inclinés ou presque horizontaux dont la surface excède celle des masses qui y affluent, devraient rester stationnnaires, et celles-ci devraient avancer de plus en plus sur le glacier plat. Mais tout cela ne se remarque nulle part, ce qui prouve bien qu'il n'y a que l'explication du mouvement des glaciers, par leur dilatation, qui soit admissible. Cette dilatation est facile à observer, et ses effets sont très-notables.

Pour pouvoir apprécier rigoureusement la dilatation du glacier, j'avais démarqué, cette année, avec des bâtons, plusieurs triangles rectangles, dans le voisinage de notre cabane, à une hauteur absolue d'environ 7,500 pieds, c'est-à-dire beaucoup au-dessus du niveau où la température moyenne est à zéro. J'avais choisi un emplacement qui me permit de placer la base de l'un des triangles sur le bras le plus compacte du Finsterarhorn, qui est très-crevassé dans cet endroit, et l'autre sur un bras qui découle de la Strahleck et qui est moins ferme et plus égal à sa surface. Lorsque je mesurai, au bout de deux jours, les côtés de mes triangles, je trouvai l'hypoténuse du triangle qui s'étendait sur le glacier de la Strahleck allongée. Quelque favorable que ce résultat soit à la théorie du mouvement des glaciers que je viens d'exposer (puisque le glacier le moins compacte paraît avoir cédé davantage à l'influence de la dilatation), je préfère ne pas donner ici les chiffres de cette observation, parce que les différences observées dans un aussi court espace de temps pourraient rentrer dans les limites des erreurs possibles dans les mesures, et je me borne à en faire mention pour signaler aux observateurs l'importance qu'il y aurait à multiplier des mesures de ce genre, me réservant de les répéter moi-même l'année prochaine.

En combattant l'opinion assez généralement répandue que les glaciers glissent sur leur fond, j'ai eu surtout en vue la partie supérieure du glacier qui repose sur un fond dont la température moyenne est au-dessous de zéro. Il va sans dire que les phénomènes qui se passent à la surface inférieure doivent être plus ou moins modifiés par la température propre du sol, dans tous les glaciers qui descendent dans des régions où la température moyenne du sol est au-dessus de zéro. Ici les rapports de la masse du glacier avec le fond changent ; la chaleur de la terre contribue à dégager le glacier de sa liaison avec la roche solide, et il se manifeste des effets de glissement plus ou moins considérables. Mais comme ces effets ne se produisent qu'à l'extrémité inférieure et nullement dans la partie supérieure du glacier, il est évident que le mouvement *général* du glacier ne saurait être dû à ce glissement. On ne saurait admettre non plus que la partie inférieure, lorsqu'elle glisse, entraîne avec elle la partie supérieure du glacier, puisque celle-ci est encore trop peu consistante pour se comporter comme une masse continue et également tenace dans toutes ses parties.

Lorsqu'on étudie ces diverses relations des glaciers avec leur fond, il importe donc de tenir compte avant tout du niveau absolu, ou, ce qui revient au même, de la température moyenne du sol sur lequel leur extrémité inférieure repose. Le fait que j'ai rapporté plus haut, de la chute du glacier de Randa et de la persistance d'une partie de son extrémité inférieure malgré ses immenses crevasses, n'est donc nullement en contradiction avec les considérations que je viens de développer; car, à la hauteur à laquelle ce glacier se termine, la température du sol doit être sensiblement au-dessous de zéro, et sa masse par conséquent congelée sur son fond, et si une partie a pu s'en détacher et se précipiter dans la vallée, c'est, comme je l'ai déjà dit, par la raison que son poids l'a emporté sur la force de son adhérence avec le fond.

Si l'on possédait des observations exactes sur les proportions entre la quantité d'eau qui coule à la surface du glacier et celle qui sort de dessous son extrémité inférieure, je crois que l'on pourrait en tirer un grand parti en faveur de la théorie du mouvement des glaciers par la dilatation de l'eau qui pénètre dans leur masse. Il m'a paru en effet que le volume de tous les filets d'eau qui sillonnent la surface du glacier et qui pénètrent dans son extérieur, excède de beaucoup celui de l'eau qui s'écoule a son extrémité. Voici ce que j'ai observé à cet égard : les grands courans d'eau courent rarement très-long-temps à la surface du glacier, ils se précipitent généralement à travers sa masse et s'écoulent sur son fond, où ils contribuent, avec les courans d'air qui les accompagnent, à produire sur les parois de leurs couloirs des effets semblables à ceux des agens atmosphériques et de l'infiltration des eaux à leur surface ; c'est-à-dire que par là les parties les plus profondes des glaciers sont soumises à une dilatation continuelle, quoique moins considérable qu'à la surface, à raison de la plus grande compacité de la glace et de l'influence moins puissante des agens qui l'affectent. Les plus petits filets d'eau qui s'infiltrent dans le glacier paraissent au contraire se perdre bientôt dans sa masse, sans pénétrer à de grandes profondeurs. Il résulterait de là que la masse d'eau qui se forme à la surface des glaciers ne parviendrait qu'en partie jusqu'au fond, et que le reste s'arrêterait dans l'intérieur pour s'y transformer en glace sous l'influence réfrigérante des parois qui les retiennent. Il est évident dès-lors que si l'on pouvait déterminer la différence des volumes de l'eau qui se forme à la surface des glaciers et de celle qui s'écoule à leur extrémité, on aurait la mesure exacte de la quantité d'eau qui tend continuellement à dilater les glaciers, et par cela même on aurait aussi la mesure de cette dilatation. Il me paraît difficile d'arriver à cet égard à des résultats rigoureux ; mais une simple approximation, en comparant le volume des filets d'eau superficiels d'une certaine puissance à la masse d'eau qui s'écoule par le torrent inférieur, donnerait sans doute déjà des résultats importans, surtout lorsqu'on aurait pu s'assurer que le lit du glacier sur lequel on opère ne reçoit pas de sources.

Le mouvement des glaciers, tel que nous venons de l'expliquer, suppose des alternances fréquentes de chaud et de froid. Dans la région des glaciers, ces alternances ne se produisent que pendant les mois chauds de l'été ; il en résulte par conséquent que le mouvement des glaciers ne peut s'opérer que pendant cette saison, et que l'hiver est pour les glaciers l'époque du repos. Nous verrons, plus bas, en traitant de la température des glaciers (Chap. XV), que la plupart des rivières qui sortent des glaciers tarissent pendant l'hiver, et que celles qui continuent à couler proviennent probablement de sources.

CHAPITRE XIII.

DE LA SURFACE INFÉRIEURE DES GLACIERS ET DES CAVITÉS.

Jusqu'ici l'on n'a guère observé la face inférieure des glaciers que près de leur extrémité, en pénétrant soit dans leur voûte terminale, soit dans les cavités latérales, qui se forment le long de leurs flancs. Un autre moyen peut-être plus fructueux, mais aussi plus dangereux et plus pénible, serait de chercher à atteindre la base d'un glacier, en descendant dans les crevasses; mais je ne sache pas que cette descente ait jamais été tentée.

Lorsqu'on se trouve en face de la voûte terminale d'un glacier, ou que l'on pénètre dans son intérieur, on est tout étonné de voir cette voûte se prolonger sous le massif de glace, en se ramifiant dans toutes les directions. La largeur et la hauteur de ces voûtes sont même souvent très-considérables, et comme elles sont irrégulières, sinueuses et contournées de la manière la plus capricieuse, on conçoit jusqu'à un certain point que M. Hugi ait pu se laisser aller à l'idée que les glaciers reposent sur des piédestaux ; mais, ainsi que nous l'avons dit plus haut, il a pris ici l'exception pour la règle.

Ces cavités doivent naturellement diminuer et se rétrécir dans la partie supérieure du glacier, là où, perdant de sa compacité, il éprouve plus de difficulté à se fendre. Mais elles ne se continuent pas moins, selon toute apparence, jusque dans les hautes régions; car elles sont les canaux naturels qui servent d'écoulement à ces mille petits ruisseaux qui se forment à la surface du glacier, et vont se perdre dans les crevasses. Au glacier de Zermatt et aux glaciers de l'Aar, on voit, pendant les jours chauds de l'été, de véritables torrens disparaître ainsi sous la glace, à une hauteur de 8000 pieds et à plusieurs lieues de leur extrémité : or, à moins de supposer que ces eaux se congèlent sous le glacier, ce qui, à mon avis, serait fort hasardé, il faut bien qu'elles se creusent une issue à travers la glace pour arriver à son extrémité. Nous avons d'ailleurs des preuves directes de ce fait dans les lacs situés au point de confluence des glaciers, tels que le lac de Gorner, au pied du glacier du même nom, la goille à Vassu, au glacier de Valsorey, le lac d'Aletsch ou de Moeril, au bord du grand glacier d'Aletsch (voy. Pl. 12). Tous ces lacs se vident par la surface inférieure du glacier, et il faut que les canaux qui leur servent d'écoulement soient d'un certain diamètre, puisque les eaux, une fois dégagées des barrières qui les retenaient, arrivent en très-peu de temps à l'extrémité du glacier, où elles s'échappent avec une très-grande impétuosité, par la voûte terminale (voy. Chap. XV).

Il y a souvent un danger réel à pénétrer dans ces canaux, attendu qu'il s'en détache fréquemment des blocs de glace, dont la chute peut être occasionnée par le moindre choc. M. Engelhardt rapporte que deux jeunes gens ayant eu l'imprudence de lâcher un coup de pistolet à l'entrée de la voûte du glacier du Rhône, furent au même instant ensevelis sous un éboulis de glace qui se détacha de la voûte par suite de l'ébranlement de l'air. Lorsque je visitai l'année dernière le glacier de Zermatt, je m'abstins de pénétrer sous la voûte, parce qu'il y avait au dessus de l'entrée une large fissure, qui probablement a causé un éboulement peu de temps après (voy. Pl. 6).

C'est surtout à l'entrée de la voûte que les éboulemens sont à craindre; aussi peut-on ordinairement juger s'il y a du danger à pénétrer dans l'intérieur, en ayant égard à la disposition des crevasses environnantes. La voûte du glacier des Bois, l'une des plus grandes et des plus belles qui existent, est peut-être la plus accessible de toutes, quoique l'on ne puisse pas pénétrer bien loin dans l'intérieur, à cause de la masse considérable d'eau qui s'en échappe. Il est d'autres glaciers sous lesquels on pénètre bien plus loin. M. Hugi raconte avoir parcouru un espace de plus d'un quart de lieue carrée sous le glacier d'Uraz, près du Titlis. Les couloirs, de dimensions très-variables, avaient de deux jusqu'a douze pieds de haut (*). Un Oberlandais, nommé Christian Bohrer, père du guide qui habite près du glacier supérieur de Grindelwald, eut le malheur de tomber dans une crevasse de ce glacier; bien qu'il eût eu un bras cassé dans la chute, il chercha cependant un moyen de sortir. Pour éviter de nouvelles chutes, il remonta un couloir qu'il aperçut près de lui sous le glacier, et au moyen d'efforts inouis, il arriva, après trois heures d'angoisses et de luttes, au bord du glacier. Cette histoire a été rapportée en son temps dans beaucoup d'ouvrages et de journaux; j'en ai causé plusieurs fois avec le fils du défunt, qui avait à cœur de redresser une erreur qui s'est glissée dans ce récit : tous, me disait-il, ont répété que mon père s'était sauvé en descendant le couloir, tandis qu'il le remonta. L'on comprend en effet que la tâche soit beaucoup plus dangereuse à la descente qu'à la montée; car si l'on arrive à un endroit escarpé que l'obscurité empêche de distinguer, on doit nécessairement courir les plus grands dangers, tandis qu'en remontant, on peut espérer de le contourner;

(*) Hugi, Naturhistorische Alpenreise, p. 261.

et c'est ce qui sauva sans doute le guide de Grindelwald.

Saussure attribue, avec raison, la formation de ces voûtes à l'action des eaux, qui, grossies par les chaleurs de l'été, « facilitent la désunion de la glace et « rongent par les côtés les glaces qui gênent leur sor- « tie; alors celles du milieu n'étant plus soutenues, « tombent dans l'eau qui les entraîne, et il s'en dé- « tache ainsi successivement des morceaux, jusqu'à ce « que la partie supérieure ait pris la forme d'une voûte « dont les parties se soutiennent mutuellement. » (Voyages dans les Alpes, tom. II, p. 16, § 622). Cette explication est sans contredit la plus simple que l'on puisse donner de ce phénomène; car l'on ne saurait douter que l'eau n'en soit la cause première. Mais il est plusieurs autres agens qui réclament aussi leur part d'influence, sinon dans la formation, au moins dans l'agrandissement de ces voûtes. Ce sont, en particulier, les vents chauds et les sources. L'on conçoit en effet que les vents de la vallée, dont la température est souvent de beaucoup au-dessus de 0°, en s'engouffrant dans ces canaux et couloirs intérieurs du glacier, fondent plus ou moins les parois de glace avec lesquelles ils entrent en contact. Ces vents sont très-fréquens et proviennent de la tendance qu'a l'air chaud de la vallée à se mettre en équilibre avec l'air froid qui règne dans les canaux du glacier, et dont la température ne peut guère être de plus de 0°, attendu qu'elle est continuellement refroidie par les parois du glacier. Cet air est conséquemment plus pesant que l'air chaud u dehors, et il tend, par cette même raison, à gagner les endroits les plus bas, entre autres le bas de la voûte et les lieux environnans. En même temps l'air chaud pénètre dans les canaux par le haut de la voûte; il en résulte un double courant, savoir : un d'air froid de dedans en dehors, et un d'air chaud de dehors en dedans. La même chose a lieu lorsque l'on ouvre, en été, la porte d'une glacière : il s'y forme aussitôt deux courans, un d'air chaud en haut, et un autre d'air froid en bas. Cependant ce phénomène ne se montre pas d'une manière également nette dans tous les glaciers, par la raison que les canaux, s'entrecroisant dans toutes les directions, communiquent de toutes parts avec l'air extérieur, par les crevasses : l'air froid des régions supérieures pénètre par ces crevasses dans l'intérieur du glacier; son propre poids et le courant de l'eau qui circule dans ces canaux l'entraînent vers l'issue du glacier, où il s'échappe par la voûte terminale ou par les crevasses. Lorsque l'air ambiant est très-chaud, de manière à rendre le contraste de ces vents froids très-sensible, les habitans des Alpes disent que le *glacier souffle*. Ces vents froids sont d'autant plus intenses que la différence entre la température de l'air du glacier et de l'air ambiant est plus considérable; leur force augmente et diminue par conséquent avec les saisons, et même d'un jour à l'autre : ils sont très-faibles le matin avant le lever du soleil, et ils atteignent leur plus grande intensité à midi. Au reste, il faudra des observations suivies pour déterminer l'influence que la position, la hauteur, la grandeur des voûtes et d'autres circonstances locales exercent sur l'intensité de ce souffle des glaciers; car il est évident qu'il règne à cet égard des différences notables entre les divers glaciers.

Une conséquence naturelle de l'action de ces vents-coulis, c'est que les voûtes et les couloirs dans lesquels ils circulent, au lieu d'être anguleux, comme ils devraient l'être, s'ils n'avaient subi aucune influence destructive depuis la chute des masses qui s'en sont détachées, sont, au contraire, arrondies, et ne présentent que rarement des angles bien saillans.

Les sources dont la température est toujours au-dessus de 0° exercent une influence semblable, mais peut-être moins sensible sur les parois de glace de ces canaux intérieurs; et comme elles coulent également en hiver, ce sont elles qui empêchent les voûtes de certains glaciers de se fermer complètement durant cette saison.

La voûte terminale qui est plus ou moins spacieuse dans les divers glaciers, est en quelque sorte le grand canal auquel tous les canaux qui sillonnent l'extérieur du glacier viennent aboutir; elles occupent généralement le milieu du glacier, les eaux cherchant naturellement le niveau le plus bas, qui est ordinairement au milieu de la vallée. Cependant il peut se faire que la voûte ne soit pas centrale lorsque le fond de la vallée est très-inégal ou bien lorsque le glacier se développe plus d'un côté que de l'autre. C'est dans ce moment le cas du glacier de Zermatt, qui avance considérablement sur la rive gauche, tandis qu'il est en retrait sur la rive droite. On voit dans ce même glacier, à droite de la voûte principale, une petite voûte secondaire, d'où s'échappe un petit filet d'eau qui, après un très-court trajet, va se perdre de nouveau sous le glacier (voy. Pl. 6). Le glacier inférieur de l'Aar a deux voûtes très-imparfaites, l'une sur le flanc droit, l'autre sur le flanc gauche.

Les dimensions de ces voûtes terminales dépendent essentiellement de la pente du glacier. Les grands glaciers peu inclinés ont généralement les plus spacieuses, témoins les voûtes du glacier de Zermatt, de Zmutt, et surtout celle du glacier des Bois. Saussure trouva cette dernière haute de 100′ et large de 50 à 80 pieds. Lorsque je la vis pour la dernière fois, en 1838, ses dimensions étaient moins considérables; mais elle n'en était pas moins très-spacieuse. C'est également dans les glaciers dont la pente est faible, que les voûtes sont les plus persistantes; si quelquefois elles se trouvent complètement encombrées par des éboulemens, elles reparaissent toujours, plus tard, au même endroit.

Les glaciers très-inclinés à leur extrémité ont rarement des voûtes, et s'il s'en forme quelquefois ; elles sont toujours peu spacieuses et surtout peu stables, à raison des chutes fréquentes qui sont occasionnées par les crevasses. Les glaciers qui se terminent à de grandes hauteurs en sont toujours dépourvus, soit qu'ils soient trop inclinés ou que, reposant sur un sol dont la température moyenne est de beaucoup au-dessous de 0°, les conditions nécessaires à leur formation ou à leur agrandissement soient moins puissantes.

La glace de l'intérieur des voûtes est absolument semblable à celle de l'intérieur des crevasses ; elle est peut-être même plus unie et présente les mêmes teintes verdâtres ou bleuâtres qui excitent à si juste titre l'admiration des voyageurs. Cette analogie se comprend aisément, quand on songe qu'elles sont, les unes et les autres, également abritées contre les agens extérieurs, et que l'eau qui suinte le long de leurs parois contribue à leur conserver leur aspect lisse et uni.

Le fond du glacier ne repose pas toujours immédiatement sur le sol ; il en est ordinairement séparé par une couche de sable ou de boue qui, suivant son épaisseur, contribue plus ou moins à la formation des moraines terminales, ainsi que nous l'avons vu plus haut (pag. 125). Cette couche provient des petits fragmens de rocher qui tombent sous le glacier à travers les crevasses ou par dessus les bords, et qui y sont, à la longue, triturés par l'effet du mouvement du glacier sur son fond. Lorsque les glaciers charrient des roches granitiques, cette couche se compose d'un sable très-fin, blanc et très-incohérent, par exemple, au glacier des Bois ; elle est au contraire noirâtre et pâteuse, lorsque les moraines du glacier qui en fournissent les matériaux sont calcaires ou schisteuses, par exemple, au glacier de Rosenlaui. Nous verrons plus tard, en parlant de l'action du glacier sur son fond, que c'est aux petits graviers contenus dans cette couche intermédiaire que sont dues les stries caractéristiques des roches polies.

Dans les régions supérieures cette couche est généralement gelée et par conséquent fortement adhérente au sol ; dans les régions inférieures, au contraire, elle se dégèle plus ou moins sous l'influence de la température plus chaude qui règne dans les basses vallées. Le glacier supérieur de Grindelwald et celui de Rosenlaui montrent d'une manière très-distincte cette couche remarquable. Elle se remarque aussi toujours à la face inférieure des blocs de glace détachés du sol, ainsi qu'à la surface du sol lui-même ; car lorsque l'on veut examiner la nature d'un rocher quelconque que le glacier vient de quitter, l'on est obligé d'en laver la surface qui est toujours boueuse.

Indépendamment de cette couche boueuse ou sableuse, il n'est pas rare de rencontrer sous les glaciers un lit plus ou moins considérable de petits blocs arrondis, dont les dimensions varient depuis celle de petits cailloux jusqu'à celle de galets d'un demi-pied et même d'un pied de diamètre. Ces galets, tout-à-fait semblables, par leur forme et la variété de leurs caractères minéralogiques, au gros gravier de certains terrains soi-disant diluviens, sont évidemment arrondis par la trituration que les fragmens de roche qui tombent sous le glacier éprouvent à la longue, lorsqu'ils sont pressés les uns contre les autres et sur le fond. Quelquefois ils sont entourés de glace qui remplit les insterstices; mais on les voit aussi entassés à sec les uns sur les autres. Lorsque le glacier se retire, ces galets restent en place; leur apparence pourrait alors faire supposer qu'ils ont été charriés par de grands torrens, si les moraines terminales n'étaient pas là pour attester leur origine. Les torrens qui circulent sous le glacier exercent bien aussi quelque influence sur la forme de ces galets; mais cette influence est relativement très-peu sensible, car ils sont tout aussi arrondis sous la surface immédiate de la glace que dans les couloirs par lesquels s'échappent les rivières. Ces lits de galets varient considérablement d'épaisseur dans les différens glaciers; nulle part je ne les ai mieux observés que sous le glacier du Trient : là il est de toute évidence qu'ils proviennent des détritus des parois de la vallée, et qu'il s'en reforme continuellement à mesure que les plus anciens sont poussés dans la partie inférieure de la vallée. J'insiste sur ce point, parce que tout récemment M. Godeffroy a prétendu que les glaciers reposaient sur un terrain détritique *tertiaire*, qu'ils refoulaient sur leurs bords pour former les moraines. Rien n'est cependant moins fondé que cette assertion ; les détritus sur lesquels les glaciers reposent n'ont aucun des caractères des terrains en série ; ils ne renferment jamais de fossiles, et pour quiconque sait observer, il est évident qu'ils se forment de nos jours et tous les jours, de même que les sillons, les stries et les surfaces polies du fond des glaciers, que l'on a également voulu envisager comme de formation plus ancienne.

La surface inférieure de la glace elle-même, quoique lisse et unie comme un glaçon que l'on aurait poli sur une meule, est généralement garnie de petits grains de sable ou de petits fragmens de roche qui la rendent plus ou moins âpre au toucher, et en font une sorte de râpe, comme serait une plaque de cire que l'on aurait fortement pressée sur du gravier. Des lignes sinueuses plus ou moins distinctes indiquent les contours des fragmens angulaires de la glace usée sur le fond par le frottement. C'est du contact de cette surface avec la roche solide du fond, aidé du mouvement du glacier, que résultent les polis, les stries et les sillons si variés que l'on voit sur le fond de tous les glaciers.

CHAPITRE XIV.

DE L'ACTION DES GLACIERS SUR LEUR FOND.

Lorsque l'on considère la masse colossale des glaciers, la dureté de leur glace, leur poids et la manière dont ils sont encaissés dans les vallées, l'on conçoit qu'ils doivent exercer une action puissante sur leur fond. Mais on est loin de s'entendre sur la nature de cette action, et il est digne de remarque que ce soient précisément les effets les plus notables de la glace qui aient été le plus contestés, tels que les surfaces polies, les stries qui sillonnent ces surfaces, et les gouttières qui s'y forment. Il est vrai que ces divers phénomènes ne se voient pas d'une manière également distincte dans tous les glaciers ; ils sont même souvent plus visibles à une certaine distance des glaciers actuels que près de leurs bords ou sous leurs voûtes.

L'action la plus remarquable que les glaciers exercent sur leur fond consiste dans la manière dont ils arrondissent et polissent les roches qui leur servent de base et d'encaissement ; et si l'on se rappelle l'explication que nous avons donnée de la marche progressive des glaciers, on conviendra que des massifs pareils, qui se meuvent depuis des siècles sur un même point, ont dû émousser les angles et faire disparaître plus ou moins les inégalités du lit, sur lequel ils agissent comme une râpe. Mais le poli qui en résulte est rarement à découvert sous le glacier même. Je connais des personnes qui ont visité un grand nombre de glaciers sans le remarquer. En pénétrant, l'année dernière (1839), sous le flanc gauche du glacier de Zermatt, en un endroit où il s'était formé, près de son issue, un assez grand vide entre la glace et le rocher (voy. Pl. 7), je fus obligé de laver la surface de ce dernier pour convaincre M. Studer que le fond actuel du glacier est poli et strié de la même manière que les surfaces que nous avions observées ensemble, quelques heures auparavant, au sommet du Riffel, à plus de 600 pieds au-dessus du niveau actuel du glacier, et dont j'avais détaché un fragment qui est représenté Pl. 18, fig. 2.

Les polis abandonnés par les glaciers sont en général plus évidens, parce qu'il y a long-temps que la couche de boue qui les recouvrait a été enlevée par les eaux de l'atmosphère. Si ceux qu'on remarque sous les glaciers actuels étaient aussi dégagés et se voyaient d'aussi loin, il y a long-temps que l'on aurait reconnu la liaison de ces deux phénomènes, et l'on n'aurait certainement pas cherché dans les courans d'eau ou de boue une explication que les faits condamnent, ainsi que nous allons le voir plus bas.

M. J. de Charpentier mentionne comme un fait connu cette action des glaciers sur leur fond. « On « sait, dit-il, que les glaciers frottent, usent et polis- « sent les rochers avec lesquels ils sont en contact (*). » Cependant j'ignore que cette observation ait été faite par qui que ce soit avant lui. Il paraît que M. de Saussure n'en avait pas connaissance; il n'a du moins pas eu l'idée de rattacher cette action des glaciers aux surfaces polies du grand Saint-Bernard, qui frappèrent si fort sa curiosité, et qu'il attribue à l'action de l'eau.

Il est vrai que l'eau unit et polit plus ou moins les rochers sur lesquels elle coule; il n'est pas nécessaire de voyager bien long-temps dans les Alpes pour y rencontrer des effets frappans de cette action de l'eau. Mais ce poli n'est pas de même nature que celui qui est produit par les glaces; il est plus mat et moins parfait; de plus, il occupe toujours les niveaux les plus bas, les couloirs et les fonds des vallées, et jamais on ne le rencontre sur les flancs des rochers, ni à une grande hauteur au-dessus du lit des rivières; enfin il correspond toujours aux plus grandes pentes,

(*) *J. de Charpentier*, Notice sur les blocs erratiques de la Suisse p. 15, dans les Annales des mines, Tom. 8.

et n'affecte pas d'une manière uniforme toute la surface des rochers. C'est une conséquence de sa nature mobile et incohérente que l'eau use, en creusant, d'une manière très-inégale et par saccades, le lit des torrens. La glace, au contraire, n'épargne pas plus les reliefs que les dépressions ; elle tend à niveler toutes les surfaces. Lorsqu'elle rencontre sur son chemin un rocher saillant, elle lui enlève ses arêtes, l'arrondit, et détermine ainsi ces formes bosselées que de Saussure a appelées *roches moutonnées*. Or, comme dans nos montagnes les parois et le fond des vallées, par suite des bouleversemens qu'ils ont subis, sont ordinairement inégaux et très-accidentés, il en résulte que les surfaces polies qui avoisinent les glaciers présentent en général cette forme de roches moutonnées (voy. Pl. 8). Les eaux exercent une action toute opposée ; elles ne polissent que les endroits qu'elles frappent avec violence, et, tout en les polissant, elles y creusent des anses, des baignoires et toute espèce d'excavations : de là vient que le lit des torrens les plus impétueux est très-irrégulièrement poli en creux, tandis que le poli des glaces présente une uniformité comparativement bien plus grande, et ces formes arrondies en relief que l'on n'observe jamais au fond des eaux, à moins que celles-ci ne coulent sur un ancien fond de glacier. Rien n'est plus instructif que de comparer ces deux sortes de poli, qui se trouvent très-souvent en contact dans un seul et même fond de vallée : il suffit d'avoir fait une seule fois cette comparaison pour ne plus s'y tromper, alors même que le poli de l'eau s'est effectué sur des surfaces déjà polies antérieurement par la glace, comme cela arrive lorsqu'une cascade se précipite par une crevasse au fond du glacier.

Cette action polissante de la glace s'observe surtout bien au glacier de Rosenlaui. Le rocher est ici composé d'un calcaire noir (du lias, suivant M. Studer). Avant d'arriver au glacier, l'on remarque que la roche prend insensiblement un aspect lisse qu'elle n'a pas ailleurs et qui devient de plus en plus évident à mesure que l'on approche de l'extrémité du glacier. Les creux et les endroits saillans sont également arrondis et lisses, et l'on ne remarque, sur tout l'espace qui est en avant du glacier, aucune arête tranchante. Mais comme la roche n'est pas très-dure, le poli est plus mat que sur les roches granitiques et serpentineuses, et par là même moins persistant ; il s'altère même très-facilement, ce qui fait que l'on ne rencontre pas de surfaces polies à une grande distance du glacier. Les plus belles sont les plus rapprochées de son extrémité, c'est-à-dire celles que le glacier vient d'abandonner en dernier lieu.

En remontant le glacier inférieur de l'Aar, j'ai trouvé la surface entière du rocher dit *im Abschwung*, qui forme le mur de séparation entre le glacier du Lauteraar et celui du Finsteraar (voy. Pl. 14, la pl. au trait), polie jusque sous la glace. Le poli que la glace recouvre ne diffère en rien de celui des parois supérieures, qui cependant date d'une époque où la surface du glacier atteignait un niveau bien plus élevé. Ce même poli se voit aussi sur les parois latérales de ce glacier. Enfin j'ai observé de semblables roches polies en contact immédiat avec le glacier, à l'extrémité du glacier des Bois, sous le glacier de Viesch, sous celui d'Aletsch, etc.

On pourrait objecter que si les glaciers polissent réellement eux-mêmes le fond sur lequel ils reposent, ils devraient se creuser un lit de plus en plus profond dans l'enceinte de leurs limites actuelles, et occasionner ainsi des lignes de démarcation entre les différens points qu'ils ont successivement atteints, lorsque leur extension a varié. Cette objection a quelque chose de spécieux, mais elle ne touche pas les faits au fond. Les glaciers rabotent bien, il est vrai, leur fond et tendent continuellement à l'abaisser; mais lorsqu'on suppose que cette action devrait aller jusqu'à déterminer des enfoncemens dans les limites de leur lit, on oublie que les glaciers se meuvent sur des pentes inclinées, et que les limites de leurs bords oscillant continuellement, ils ne sauraient occasionner d'amples dépressions.

Un effet non moins remarquable du glacier sur son fond consiste dans les stries qu'il y détermine. Lorsqu'on examine attentivement les roches que le glacier vient de quitter, on les trouve ordinairement sillonnées de petites stries plus ou moins distinctes, absolument semblables à celles qui se voient sur les surfaces polies situées à de grandes distances des glaciers actuels, comme, par exemple, celles que de Saussure remarqua sur un rocher poli du Saint-Bernard. Mais au lieu de les attribuer à l'effet des glaciers, ce naturaliste les envisagea comme une sorte de cristallisation, par la raison qu'elles sont assez semblables aux stries que l'on voit à la surface des cristaux de quartz (*). Cette explication est évidemment fausse: de nos jours, personne n'accepterait plus l'idée de stries de cristallisation continues de plusieurs mètres, sur de grandes surfaces unies de granit. J'ai même la conviction que si de Saussure avait vu ces mêmes stries sous les glaciers actuels, il n'eût pas manqué d'en reconnaître la véritable cause, et il se fût convaincu qu'elles sont intimement liées au phénomène de mouvement des glaces. En effet, nous avons vu plus haut (p. 185), que la couche de boue et de gravier qui est intermédiaire entre le glacier et le fond, contient une quantité de petits fragmens de roches siliceuses très-dures. Par l'effet du mouvement qu'occasionne la dilatation journalière dans la masse du glacier, ces petits fragmens agissent comme autant de diamans sur la roche qui constitue le fond du glacier, c'est-à-dire qu'ils le raient, en même temps que la glace et la couche de

(*) *De Saussure*, Voyages dans les Alpes, T. 4, p. 383 § 996.

boue le polissent. Les stries qui en résultent sont d'autant plus visibles que la roche est d'une pâte plus fine. Elles ne sont nulle part plus distinctes et plus continues que sous le glacier de Zermatt, dont le fond est de la serpentine schisteuse. Si, au contraire, la roche est de granit ou du gneis à gros grains, ces stries seront moins distinctes et surtout moins continues, comme c'est, par exemple, le cas des roches polies d'Abschwung. (*)

Parfois aussi l'on remarque, à côté des stries proprement dites, de petites traces blanchâtres et rugueuses, lorsque le fond sur lequel repose le glacier est calcaire. Au premier abord il est assez difficile de distinguer ces raies des veines de spath, qui sont assez fréquentes dans le calcaire; mais il suffit de donner un coup de marteau pour en reconnaître la différence : les raies sont toujours superficielles, tandis que les veines spathiques pénètrent souvent la roche à une grande profondeur; ces dernières sont en outre d'un blanc plus mat. Ces raies sont produites lorsque les petits silex de la couche de gravier, au lieu d'entamer la roche, ne font que la broyer à la surface. Ce curieux phénomène ne se voit nulle part d'une manière

(*) Cette même observation a été faite pour les stries qui recouvrent les roches polies du nord par M. Sefstrœm. M. Max. Braun a en outre fait remarquer que, sur les surfaces polies granitiques de la Handeck, dans l'Oberland bernois, les cristaux de quarz sont aussi bien striés que les autres parties de la roche polie.

plus distincte qu'au glacier de Rosenlaui, où la couche de gravier qui sert d'émeri est composée d'un gravier très-dur (Pl. 18, fig. 3 et 4).

La direction des stries correspond en général à celle de l'axe du glacier, c'est-à-dire à la ligne de plus grande pente. Cependant l'on remarque souvent, en certains endroits, notamment sur les anciennes surfaces polies, des déviations générales de cette direction; ce qui tendrait à prouver que, lors de leur plus grande extension, les anciens glaciers ont suivi d'autres directions que celle qu'on leur reconnaît aujourd'hui. Quelquefois aussi les stries se croisent sous des angles plus ou moins aigus; celles qui ne forment que des angles très-aigus peuvent être attribuées à l'inégalité de vitesse entre la marche des bords et celle du milieu du glacier ; celles qui sont à-peu-près perpendiculaires à la direction générale (Pl. 18, fig. 2) sont sans doute dues aux déviations brusques qu'occasionnent dans certaines circonstances les inégalités du sol. Enfin, sur les parois des vallées, les stries doivent avoir une direction diagonale, parce que le mouvement ascensionnel résultant du gonflement de la masse entière, par suite de l'infiltration et de la congélation de l'eau, s'y fait également sentir et y détermine des stries obliques de bas en haut.

On a vu dans la direction des stries des roches polies et dans leur entrecroisement une preuve contre la cause que je leur assigne; et l'on a prétendu que des courans de boue chargés de gravier pourraient seuls avoir produit de semblables effets. Or, je le demande, le mouvement d'un glacier dans son lit et sur son fond est-il plus régulier et plus constant que celui d'un cours d'eau? et la dilatation de la glace dans divers sens ne peut-elle pas aussi bien déterminer des déviations dans la direction des stries que les vagues d'un torrent? si tant est que l'on parvienne jamais à démontrer que les eaux courantes, charriant du gravier, raient leur fond!

Au lieu de simples stries, on observe quelquefois sur les roches polies de véritables sillons, semblables à des sillons tracés par le socle d'une charrue, suivant la direction générale du mouvement du glacier, et dont les parois sont striées, comme les surfaces plus évasées. Ils sont ordinairement déterminés par des accidens géologiques, tels que la direction des couches, la disposition de leurs têtes, la présence de filons ou de fissures, l'alternance de couches de différente nature, etc., sur lesquels le glacier agit avec plus d'efficacité que sur des surfaces homogènes. On les distingue toujours des *lapiaz* ou *karren*, dont il s'agira plus bas, à l'aspect de leur poli, à l'égalité de leurs parois et à la continuité des stries qui les longent.

Tout comme on a pu prétendre que les galets arrondis sur lesquels les glaciers se meuvent, dans leur partie inférieure, étaient d'anciens terrains meubles provenant d'une époque antérieure à l'existence des glaciers, de même on pourrait supposer que les roches polies avec leurs stries et leurs sillons sont dues à des causes qui auraient agi avant que les glaciers existassent, et qu elles se seraient simplement conservées, malgré l'action que les glaciers exercent sur elles. Mais pour que cette supposition fût soutenable, il ne faudrait pas que les roches polies fussent toujours plus ou moins altérées à des distances que l'on prétend avoir toujours été hors de l'atteinte des glaciers, et d'autant plus évidentes qu'elles sont en contact plus direct avec lui ; il ne faudrait pas que dans le voisinage de certains glaciers, dont le fond s'altère facilement, toutes traces de roches polies disparussent à distance de ses bords, et qu'il n'en existât que sous la glace même ; il ne faudrait enfin pas que lorsque le glacier s'avance de nouveau, il en reformât de nouvelles là où il n'y en avait plus, comme je l'ai observé sous le glacier de Rosenlaui, qui, en avançant, cette année, a rafraîchi et non point effacé le poli et les stries d'une partie de son lit, que j'avais vu abandonné par lui les années précédentes. Ce dernier fait est concluant, et il prouve, malgré tout ce qu'on a pu en dire, que les roches polies, leurs stries et leurs sillons sont biens dus aux glaciers et uniquement aux glaciers.

Les surfaces polies par l'eau ne présentent jamais la moindre trace de stries. Aussi ceux qui s'obstinent à rapporter toutes les roches polies à l'effet de l'eau, sont-ils très-embarrassés lorsqu'on leur demande une explication de ce phénomène, ou bien ils ont recours, pour en rendre compte, à la supposition de circonstances dont la nature ne nous offre aucun exemple. Quelques-uns trouvent même plus commode de nier les faits que de les expliquer; d'autres, ne pouvant se refuser à leur évidence, s'efforcent de les amoindrir en affectant de les attribuer au hasard.

Les cascades exercent sur le fond des glaciers une action toute particulière. Comme elles se précipitent souvent avec une grande impétuosité dans les crevasses, les creux et les entonnoirs, elles commencent par user les endroits sur lesquels elles tombent, et si ces endroits étaient déjà polis antérieurement par la glace, elles leur enlèvent leur poli vif pour le transformer en un poli plus mat, comme celui qu'occasionnent les rivières et les torrens. Lorsque ces cascades se maintiennent pendant quelque temps dans le même endroit, elles finissent même par creuser de petits creux dans le rocher qui sont comme autant de coups de gouge. Ces creux s'aperçoivent quelquefois à travers les fentes; mais ils sont plus distincts dans les emplacemens que le glacier vient de quitter. On en voit de très-remarquables au glacier de Viesch, en avant de son extrémité terminale (voy. Pl. 9). Lorsque le fond du glacier est très-incliné, ces cascades déterminent dans la roche des sillons plus ou moins inclinés, et même verticaux, qui sont autant de gouttières naturelles par lesquelles les eaux de la surface du glacier s'écoulent sur son fond. De pareilles gouttières sont très-fréquentes au glacier de Rosenlaui et au glacier inférieur de Grindelwald, qui, tous deux, reposent sur un fond calcaire. Je ne les ai pas encore rencontrés sur des fonds de granit, ce qui me fait croire que les roches siliceuses ne sont guère susceptibles d'être entamées de cette manière par les eaux. Nous verrons plus bas (Chap. XVI), que ces sillons plus ou moins profonds, et quelquefois verticaux, que l'on rencontre sur les flancs du Jura et des Alpes, et que les habitans de la Suisse française appellent des *lapiaz* ou des *lapiz,* et ceux de la Suisse allemande des *karren*, ne sont autre chose que de semblables gouttières datant d'une époque où ces contrées étaient couvertes de glace.

CHAPITRE XV.

DE LA TEMPÉRATURE DES GLACIERS, DES EAUX DU SOL ET DE L'ATMOSPHÈRE QUI LES ENVIRONNENT.

La température est l'agent essentiel de la formation des glaciers, de leur extension et de leurs mouvemens. L'on conçoit dès lors combien il importerait de connaître exactement toutes les causes qui peuvent modifier les variations auxquelles l'état de l'atmosphère et du sol de nos Alpes est soumis. Malheureusement les observations que l'on a recueillies sur ce sujet sont peu nombreuses, et la plupart ont été faites, pour ainsi dire, en courant. Aussi long-temps que l'on ne possédera pas un observatoire permanent sur quelque arête abritée de l'une des hautes cimes des Alpes, on ne pourra point espérer d'obtenir tous les élémens nécessaires pour fixer les idées sur les conditions si variées de l'atmosphère dans ces hautes régions. Il serait digne d'un gouvernement éclairé, ou de quelque association scientifique, de faire les frais d'un pareil éta-

26

blissement, dont les résultats seraient bien aussi importans que ceux de tant d'expéditions lointaines, équipées à grands frais, et qui n'ont souvent abouti qu'à nous faire connaître quelques espèces nouvelles de plantes et d'animaux.

Jusqu'ici il n'avait point été fait d'observations suivies sur les variations de la température de la glace au-dessous de 0. Désireux d'arriver, à cet égard, à des résultats plus positifs que ceux qu'avaient pu me donner quelques observations isolées faites de jour sur divers glaciers du Mont-Blanc, je résolus de m'établir en permanence sur un glacier, afin d'y observer la marche de la température pendant plusieurs jours consécutifs, à toutes les heures et dans toutes les conditions atmosphériques. Je choisis à cet effet le glacier inférieur de l'Aar, où je fis construire une cabane en mur sec, à l'abri d'un bloc de la moraine médiane qui sépare les glaciers du Schreckhorn et du Finsteraarhorn, à 797 mètres de l'Abschwung, à une hauteur que je déterminerai d'une manière rigoureuse, lorsque j'aurai pu calculer mes observations barométriques, mais que j'estime à environ 7,500 pieds. Pendant les neuf jours et les sept nuits que j'y ai passées consécutivement avec plusieurs de mes amis, j'ai pu faire plusieurs observations sur la température du glacier, à différentes profondeurs. Muni d'un fleuret de mineur, j'ai sondé le glacier jusqu'à 25 pieds de profondeur. L'incertitude du résultat et la difficulté du transport sur le glacier, à quatre lieues au-delà des derniers sentiers de la montagne, m'avaient engagé à n'emporter avec moi des barres que pour un sondage de cette profondeur. D'ailleurs le forage même, dans une masse aussi tenace que la glace, la difficulté d'extraire les fragmens détachés qui se regelaient constamment, l'embarras de retirer les instrumens introduits, qui se congelaient avec le fond toutes les fois qu'ils passaient plusieurs heures à plus de 10 pieds au-dessous de la surface, et la nécessité dans laquelle je me trouvais de faire chauffer à grand'peine de l'eau pour les faire dégeler, toutes ces circonstances sont autant d'obstacles contre lesquels j'ai dû lutter pour arriver aux résultats suivans, que je crois dignes de l'attention des physiciens. J'ai fait en tout vingt-quatre observations avec deux thermomètres centigrades à minima de Bünten, dont la marche a été soigneusement confrontée, et dont j'ai eu soin de ramener le zéro à la température de la glace fondante; je les ai placés simultanément à des profondeurs égales dans le même trou, et dans des trous différens à la même profondeur et à des profondeurs inégales, et j'ai remarqué que pendant la nuit la température du glacier était de —0,33° à deux pieds, et même à 1 pied au-dessous de la surface, alors même que la température extérieure ne tombait pas à zéro: à des profondeurs plus considérables, j'ai encore trouvé la même température, mais pointant un peu plus bas, surtout les deux nuits que le thermomètre a passé à 18 et à 25 pieds de profondeur. Le matin, la gaîne métallique qui le protégeait se trouvait prise dans la glace. Pendant une nuit où la température de l'air descendit à — 3°, à la surface du glacier, j'ai également observé — 1/3° à 8 pieds de profondeur ; la gaîne était congelée avec les parois du trou, tandis que dans les autres observations, elle est restée libre, jusqu'à 15 pieds de profondeur, bien que le thermomètre montrât — 1/3°. Il n'en était pas de même pendant le jour, lorsque la température extérieure s'élevait à quelques degrés au-dessus de zéro. Alors la température de la partie superficielle du glacier tombait à zéro, jusqu'à une profondeur de 7 pieds, et ce n'est qu'au-dessous de ce niveau qu'elle descendait au-dessous de zéro ; à 8 pieds elle était encore à zéro, mais à 9 pieds je l'ai retrouvée à — 1/3°, sans que la gaîne se congelât, et à 25 pieds, le dernier jour, elle était même au-dessous de — 1/3°, c'est-à-dire plus bas que les nuits précédentes, quoique la température extérieure fût à + 12°. Les fragmens de glace que je ramenai à la surface avec les thermomètres, étaient parfaitement homogènes, sans aucune trace d'air à l'intérieur. Il résulte de ces observations, qu'à une certaine profondeur, la température de la glace du glacier est constamment au-dessous de zéro (*) ;

(*) Zumstein rapporte que, lors de sa seconde ascension au Mont-Rose, il passa la nuit dans une crevasse, à une hauteur de 13,128' par une température de — 10°, et que le matin le thermomètre

que, pendant le jour, lorsque la température extérieure est au-dessus de zéro, celle du glacier s'élève à zéro dans les couches superficielles; que ces oscillations sont de presque tous les jours pendant l'été; que par conséquent l'eau qui pénètre dans la masse du glacier doit passer et passe réellement toujours à l'état de glace, lorsqu'elle n'est pas accumulée en masses considérables. Ces résultats confirment pleinement l'explication que j'ai donnée plus haut du mouvement des glaciers, et démontrent en outre que la partie superficielle de leur masse, à raison des oscillations plus fréquentes auxquelles elle est sujette, doit marcher plus vite que les parties profondes, ainsi que je l'ai également fait remarquer.

Les conditions de la fonte des glaciers existent lorsque la température de l'air ambiant ou du sol sur lequel ils reposent s'élève au-dessus de zéro; la surface du glacier devient alors humide, et pour peu que cet état de chose continue, l'on voit de toutes parts se former de petits filets d'eau qui ruissèlent dans tous les sens à la surface du glacier et vont se perdre dans sa masse. Il se forme en même temps sur les flancs du

enfoncé dans la glace marquait — 10°, tandis que celui qui était étendu à la surface de la glace était à — 4, l'air étant à + 7. Mais comme cette observation est la seule qu'il ait faite dans l'intérieur du glacier, elle ne me paraît pas d'une bien grande authenticité; il est probable que M. Zumstein n'a pas pris soin de protéger son thermomètre contre le froid extérieur. — *Von Welden*, der Monte-Rosa.

glacier, le long de ses crevasses et sur les pans de sa face inférieure, de nombreuses gouttières qui en suivent toutes les sinuosités, et vont grossir le torrent qui coule sous sa base. J'ai mesuré sur plusieurs glaciers la température de ces petits filets d'eau, et je l'ai invariablement trouvée à 0°, quelle que fût la température extérieure ; j'ai même répété cette observation pendant plusieurs années consécutives, et plusieurs fois par jour sur plusieurs glaciers de la vallée de Chamounix, sur ceux de Trient, de l'Aar, d'Aletsch, de Zermatt, de Saint-Théodule et de Zmutt, sans remarquer jamais la moindre différence entre eux, aussi longtemps qu'ils ruisselaient sur de la glace pure ; mais dès qu'ils viennent à serpenter entre des lits de gravier, leur température s'élève et varie de +0, 1 jusqu'à +0, 7. Lorsque tous ces petits filets se réunissent de manière à former des ruisseaux ou même des torrens, ils conservent encore leur température de zéro, mais avec une tendance à pointer un peu au-dessus ; c'est ce que j'ai observé sur la mer de glace de Chamounix, sur le glacier inférieur de l'Aar et sur celui d'Aletsch, mais surtout dans les nombreux ruisseaux et les torrens considérables qui serpentent à la surface du glacier de Zermatt, et se précipitent avec fracas entre les parois des crevasses. J'ai remarqué la même chose pour tous les creux, quelles que fussent leurs dimensions et leur profondeur, lorsque le fond était de glace pure ; ainsi l'eau des plus petits creux, que la boule de mon thermomètre remplissait presque en entier, et celle des baignoires de plusieurs pieds de longueur et de profondeur, étaient également à zéro, même lorsque la température de l'air s'élevait à cinq ou six degrés. La plus grande de ces baignoires que j'aie examinée sous ce rapport, se trouvait sur le glacier inférieur de l'Aar; elle avait douze pieds de long sur trois pieds de large et huit pieds de profondeur; malheureusement je n'ai pas pu m'assurer si la température de l'eau était la même au fond qu'à 3 pouces au-dessous de sa surface, où elle montrait exactement — 0°, l'air extérieur étant à + 5°.

Dès que le fond de ces creux se charge de limon, de sable ou de gravier, toutes ces conditions se trouvent changées, et la température de l'eau augmente avec la température de l'air, à raison des propriétés absorbantes du dépôt. J'ai trouvé de très-grandes différences à cet égard dans différens creux; l'eau contenue dans les uns s'élevait à peine au-dessus de zéro, tandis que dans d'autres creux elle atteignait une température de + 1,5°. Sur le glacier de Zermatt, ces petites plaques à fond opaque ne m'ont jamais offert une température au-dessus de + 0°5 + 0°6 et + 0° 7 ou 8, tandis que sur le glacier inférieur de l'Aar j'en ai mesuré de + 0° 5, de + 1°, et même de + 1° 5.

Nous avons vu (pag. 54) que l'accumulation de matières opaques, entraînées par les petits filets d'eau qui sillonnent la surface du glacier, est sans contredit la cause première de la formation des creux dont ils tapissent le fond : à cette cause de la fusion de la glace vient bientôt s'ajouter, à raison de sa plus grande densité, qu'elle acquiert entre + 4° et + 4°5 C, l'eau qui s'est échauffée au contact avec l'air, et qui, tendant à se précipiter au fond, déplace l'eau qui est résultée de la fonte de la glace, pour agir comme corps chaud sur la partie du glacier qui n'a pas encore été liquéfiée. Les petits affluens de ces creux y accumulent continuellement une plus grande quantité de matières terreuses, et ainsi l'on voit se former, par la persistance des mêmes causes, ces grands entonnoirs dont la présence à la surface du glacier surprend si fort au premier abord (Pl. 1 et 2).

J'ai vu le glacier encore humide et fondant par une température de l'air extérieur qui n'excédait pas + 1° ; cependant il arrive souvent que la température extérieure s'élève considérablement sans que le glacier paraisse s'humecter; c'est toujours le cas, lorsque l'air est très-sec ; alors, au lieu de se fondre, la glace se transforme immédiatement en vapeur d'eau, par l'effet de l'évaporation, et la surface du glacier demeure sèche.

Lorsque, le soir, la température tombe au-dessous de zéro, tous les petits filets d'eau qui courent à la surface du glacier, et toutes les gouttières qui se déchargent sur ses flancs, s'arrêtent; la surface des flaques d'eau dormante se congèle, le glacier se hérisse de toutes parts de petites aiguilles de glace qui résultent de la congélation et, partant, de la dilatation de l'eau, qui remplissait, pendant le jour, tous les interstices et fissures qui existent entre les fragmens anguleux dont se compose le glacier. Sur le glacier inférieur de l'Aar, la température de l'air était à peine tombée à — 1°,5 que déjà j'observais ce phénomène. Il en résulte une sorte d'efflorescence dendroïde très-variée et d'un fort bel effet; les petites crevasses se couronnent d'une efflorescence d'aiguilles dirigées dans tous les sens au dessus de leurs bords; et lorsque le froid de la nuit est très-intense, on voit même l'eau de crevasses qui ont plus d'un pouce de large, se congeler entièrement et déborder le niveau de la surface adjacente du glacier, au-dessus de laquelle elle forme des arêtes très-variées, comme j'en ai observé surtout sur le glacier d'Aletsch et sur celui de l'Aar. Les habitans des Alpes donnent le nom de *fleurs du glacier* à ces bouquets d'aiguilles de glace qui affectent souvent les formes les plus variées. Mais, dès le matin, toutes ces fleurs disparaissent avec le retour de la chaleur; les petits filets d'eau reprennent leur cours, les flaques se dégèlent, et la surface du glacier reprend l'apparence animée qu'elle a habituellement pendant les jours d'été. J'ai vu, sur le glacier inférieur de l'Aar, des ruisseaux de 2 pieds de large sur 8 à 10 pouces de profondeur, tarir complètement, le soir, par une température de — 1°,5 et — 2°, et reprendre leur cours rapide le lendemain par quelques degrés seulement au-dessus de zéro. J'ai vu également, par des jours de pluie chaude, à + 5°, la surface du glacier tellement égalisée, que l'on y distinguait partout la glace formée dans les fissures, de celle de la masse. Les remplissages formaient des espèces de filons tantôt parallèles, tantôt coupés sous divers angles, d'une glace plus bleue et plus compacte que celle du reste de la masse. Plusieurs de ces filons avaient d'un à trois pouces de large, et même davantage, sur une longueur souvent très-considérable. Il était évident que c'étaient des crevasses remplies de glace fraîche. J'ai vu des creux et des baignoires de différente grandeur remplis de la même manière. Je me suis enfin convaincu que, dans certaines circonstances, la neige fraîche qui remplit certaines crevasses ou certains creux, se transforme en glace lorsqu'elle est imbibée d'eau; cette glace ressemble tellement à la glace ordinaire des glaciers qu'on la distinguerait difficilement, si on ne la reconnaissait à la délimitation de ses bords. Dans cet état, le glacier prend l'apparence d'une roche fissurée d'un blanc mat, traversée, dans tous les sens, de nombreuses veines de teintes variées plus foncées. Ce fait est très-important, parce qu'il démontre jusqu'à l'évidence que l'eau infiltrée dans la masse du glacier est l'agent de son mouvement, qui, agissant comme un coin, tend continuellement à le dilater et à le faire descendre dans le sens de sa plus grande pente, en même temps qu'il peut aussi le gonfler.

La masse même du glacier qui, à son extrémité inférieure, se ramollit ou du moins se désagrége jusqu'à une profondeur de un à plusieurs pieds, partout où la surface n'est pas recouverte de débris de rocher, se congèle de nouveau pendant la nuit et redevient tout-à-fait rigide, en même temps qu'elle se dilate dans tous les sens. Cette dilatation est, comme nous l'avons vu plus haut, d'autant plus considérable que l'effet de la chaleur du jour avait désagrégé la glace à de plus grandes profondeurs, et facilité l'infiltration d'un plus grand volume d'eau dans les fissures capillaires et dans les crevasses. La facilité avec laquelle la glace nouvelle qui se forme toutes les nuits se fond plus ou moins complètement pendant le jour, contribue à l'agrandissement des fissures et de tous les interstices du glacier dans lesquels l'eau peut s'infiltrer ; mais de ce que cette glace est moins persistante que celle du glacier proprement dit, on ne saurait en conclure qu'elle ne tend pas aussi bien à dilater le glacier que celle qui persiste plus long-temps, ni que ce n'est pas sa formation continuelle qui est la cause principale du mouvement progressif de toute la masse. C'est à l'effet de ces alternances de gel et de dégel qu'il faut attribuer, comme nous l'avons vu plus haut, le mouvement progressif des glaciers, et l'on conçoit dès lors pourquoi les glaciers avancent continuellement et plus rapidement pendant l'été que pendant les autres saisons, où les oscillations de la température au-dessus et au-dessous de zéro sont moins fréquentes.

Il n'en est pas de même pendant l'hiver; le glacier est alors enseveli sous des accumulations considérables de neige qui empêchent quelquefois de le distinguer des surfaces neigeuses environnantes. Toute sa surface est gelée, les filets d'eau qui la sillonnent pendant l'été cessent de courir; les torrens même qui s'échappaient de leur extrémité inférieure diminuent de volume ou tarissent complètement. Toute sa masse est dans un état de rigidité permanente qui la maintient dans une immobilité complète jusqu'à l'époque du retour des variations de la température. M. le professeur Bischof, de Bonn (*), a fait, conjointement avec M. le pasteur Ziegler, des observations très-importantes sur la température des glaciers de Grindelwald et sur celle des torrens qui en sortent et des sources qui s'échappent dans leur voisinage. Il résulte de ces observations, que le torrent du glacier inférieur, qui paraît ne pas recevoir de source, tarit complète-

(*) *G. Bischof*, Die Wærmelehre des Inneren unseres Erdkœrpers, p. 117.

ment pendant l'hiver, tandis que celui du glacier supérieur, qui reçoit plusieurs sources, continue à couler même pendant les plus grands froids, bien que le volume de ses eaux diminue. Altmann avait déjà entrevu la cause de ces variations dans la quantité d'eau qui s'échappe des glaciers suivant les saisons. Il pense qu'en hiver les glaciers sont essentiellement alimentés par des sources (*).

On a beaucoup discuté sur les causes de la fonte des glaciers à leur partie inférieure. De Saussure l'attribue en grande partie à la chaleur intérieure de la terre (**). Mais M. Bischof a très-bien fait voir (***) que cet agent ne peut exercer qu'une bien faible influence sur la température du sol à la surface inférieure du glacier, et qu'en général la fonte, par l'effet de cette température, ne peut avoir lieu qu'à des niveaux où la température moyenne du sol est au-dessus de zéro, c'est-à-dire, dans nos Alpes, jusqu'à une hauteur de 6,165 pieds. En faisant abstraction de l'influence des *courans inférieurs*, on peut donc en conclure que tous les glaciers, dont l'extrémité inférieure n'atteint pas 6,165 pieds, ne doivent pas fondre à leur surface inférieure, mais seulement par la surface supérieure et par les flancs, pendant l'été. Ces conclusions sont de

(*) *J. G. Altmann*, Versuch einer historischen und physischen Beschreibung der helvetischen Eisberge, Zurich 1751, in-8. p. 49.

(**) *De Saussure*, Voyages, Tom. I, p. 376 § 532.

(***) *Bischof*, Wærmelehre, p. 102.

la plus haute importance pour la théorie du mouvement des glaciers; car elles démontrent jusqu'à l'évidence que si le glacier ne fond pas, à sa surface inférieure, au-dessus d'un niveau absolu de 6,165 pieds, ce n'est point aux effets de cette fonte que l'on peut attribuer son mouvement progressif, depuis les sommités où il se forme, jusque dans les vallées où il aboutit. C'est bien plutôt par les effets de causes qui agissent par la surface extérieure qu'il faut chercher à l'expliquer, comme nous l'avons fait dans un précédent chapitre.

D'après les observations de M. Bischof, la température du sol, immédiatement au-dessous du glacier, paraît être de zéro; cependant on ne sait encore rien de bien positif à cet égard; pour obtenir des résultats précis, il importerait de pouvoir faire des sondages à travers le glacier même, dans des localités où il adhère complètement au fond de son lit, et de pénétrer ainsi dans la roche. Mon intention est de tenter cette expérience, l'année prochaine, sur le glacier inférieur de l'Aar, dans un point où sa masse ne soit pas trop épaisse pour pouvoir être facilement traversée. Mais quelque douteuse que soit encore cette question, toujours est-il que l'influence réfringérante de la masse du glacier ne s'étend guère au-delà des limites de ses bords; c'est du moins ce qui résulte de quelques observations de M. Bischof, qui a trouvé la température du sol $+ 8^{\circ}5^{\circ}$, à cent pas de distance du glacier, tandis qu'au bord même de la glace elle était de + 2° (*).

Mais si la température du sol n'est pas influencée d'une manière notable par la présence des glaciers, il n'en est pas de même de la température des rivières et des fleuves qui en découlent. A Zermatt, j'ai mesuré maintes fois la température de la Viège à sa sortie du glacier, et je l'ai constamment trouvée à zéro, légèrement pointée le matin; mais pendant la journée sa température s'élevait jusqu'à + 1°,5; il en est de même du torrent qui s'écoule du glacier de Zmutt. Au-dessus du village de Zermatt, à une lieue du glacier, je trouvai, le matin, la température de la Viége, qui s'était grossie des affluens du glacier de Zmutt, un peu au-dessus de zéro; à une lieue au-dessous de Zermatt, c'est-à-dire à 2 lieues de sa sortie du glacier, elle n'avait encore que + 1°7, tandis que l'air s'était déjà élevé à + 9°; à Taesch, après avoir reçu les affluens du glacier de Finnelen, elle montrait + 2°, l'air étant à + 9°; à Herbringen elle s'élevait à + 3°, et l'air à + 9°,5, vers neuf heures du matin, par un ciel brumeux; à Stalden enfin, à 7 lieues de Zermatt, sa température montrait + 5°, et l'air + 14°. Mais depuis Herbingen les nombreux petits ruisseaux qu'elle reçoit et qui descendent des parois abruptes de la vallée lui appor-

(*) *Bischof*, Die Wærmelehre, p. 108.

taient des eaux dont la température était généralement de + 4°, à + 6°. Le cours supérieur de l'Aar m'a présenté des températures aussi variées. Au sortir du glacier, la source inférieure de l'Aar était habituellement à + 1°, pendant le jour. L'Aar, au-dessous de l'hospice du Grimsel, avait déjà + 2°; au-dessus de la Handeck + 3°; sous la cascade de la Handeck + 4°; près de Guttannen + 5°; au-dessus d'Im Grund + 6°; à Meyringen + 7°, et avant son entrée dans le lac de Brienz + 9°. J'ai répété plusieurs fois ces opérations, du 6 au 22 août 1840, par des températures de l'air et à des heures du jour très-différentes, et je n'ai trouvé que de très-légères différences entre les chiffres de chacune de ces stations. En revanche, j'ai été très-surpris de trouver la température du lac du Riffel, qui est à plus de 7,000 pieds au-dessus de la mer, à + 9°, l'air étant à + 5°. Le Todtensee, sur le col de la Gimsel, était à + 8°, par une température de + 4° de l'air, à 7 heures du soir. En 1840, je l'ai trouvé, le 10 août, à + 9°,3, par une température de + 5°, à 5 heures du soir. Le Trübtensee, sur la pente du Sidelhorn, était à + 7° le 22 août, à 2 heures, par une température de + 15°, et le principal de ses affluens à + 10°. Pendant plusieurs jours très-froids, où la température ne s'est pas élevée au-dessus de + 5°, au milieu de la journée, et où elle descendait à plusieurs degrés au-dessous de zéro pendant la nuit, j'ai trouvé la température du petit lac, qui est à côté de l'hospice du Grimsel, continuellement à + 8°, et cependant son niveau est à 5,830 pieds au-dessus de la mer. A la vérité, ces lacs ne sont point alimentés directement par des glaciers. Du 8 au 22 août, j'ai mesuré, à réitérées fois, sa température à toutes les heures du jour, et je n'ai trouvé de variations qu'entre + 9° et + 10°, tandis que la température de l'air avait varié dans ce temps de + 3° à + 13°,5.

Avant de s'échapper de la voûte des glaciers, les eaux qui résultent de la fonte des glaces donnent lieu, dans beaucoup de glaciers, à une foule de phénomènes très-intéressans. Nous avons vu plus haut (p. 54) comment se forment les petits creux, les baignoires et les entonnoirs de la surface. Lorsque les flancs et la surface inférieure des glaciers reposent complètement sur le sol, de manière à en empêcher l'écoulement par dessous, et qu'en même temps le glacier ne remplit pas complètement les anfractuosités des parois de son lit, il arrive souvent que c'est au bord du glacier, et non pas seulement à sa surface, que les eaux viennent s'accumuler. Les anses latérales se remplissent alors à une hauteur plus ou moins considérable; les eaux entament les moraines latérales, les étendent, et vont même jusqu'à disposer par couches irrégulières les menus matériaux dont celles-ci sont en partie composées. Puis, lorsque quelque grande crevasse vient atteindre les parois de ces flaques ou lorsque le mouvement progressif du glacier les déplace, leurs eaux s'écoulent et laissent à sec de petits dépôts stratifiés. Il arrive ainsi qu'en poursuivant de grandes moraines latérales on rencontre parfois des étendues assez considérables, où elles n'ont point leur aspect ordinaire, mais où elles paraissent avoir été déposées par les eaux, et c'est en effet l'action des eaux de ces flaques latérales des glaciers qui leur donne cette apparence particulière. Il y a de ces petits lacs qui sont permanens et qui ont un écoulement naturel par dessous le glacier ou en dehors de son lit par quelques fentes de rocher. Tel est le lac du glacier d'Aletsch, situé dans une échancrure entre le Bedmerhorn et les Viescherhörner du Valais ; les ravages qu'il occasionnait lorsque, plus ou moins couvertes par le glacier, ses eaux s'échappaient brusquement sous le fond de son lit, ont engagé le gouvernement du Valais à lui creuser, du côté du glacier de Viesch, une issue qui le maintient dans de justes limites. Cependant, encore à présent, lorsque le glacier s'avance à sa surface, il s'en détache d'immenses blocs qui flottent sur l'eau et vont échouer sur ses rives, comme les îles de glaces flottantes des mers du Nord (voy. Pl. 12). Ces glaçons ont le même aspect que les aiguilles de glace ; celles du glacier d'Aletsch ont une belle teinte d'aigue marine. Lorsque je visitai ce lac, en août 1839, sa température était de + 1°, 5, l'air étant à + 5°.

La température de l'eau est sans aucun doute la

cause de la chute des masses de glaces qui nagent à la surface du lac. Minées à leur surface inférieure, lorsque le poids des masses du glacier qui surplombent l'emporte sur leur adhérence, celles-ci se détachent et flottent sur l'eau jusqu'à ce qu'elles échouent sur ses rives. M. Martins explique de la même manière la chute des masses de glace qui forment les îles flottantes du Nord (*).

Des effets semblables sont également produits sur les côtés des glaciers lorsque, descendant d'une vallée latérale, ils viennent barrer le fond de la vallée dans laquelle ils débouchent; alors les eaux qui coulent dans la vallée inférieure s'accumulent en amont du glacier et finissent par former de véritables lacs qui s'élèvent jusqu'à déborder le glacier, ou qui acquièrent avec le temps assez de force pour rompre la digue qui les retenait et se frayer un passage avec un fracas épouvantable, entraînant et renversant tout devant eux et occasionnant d'affreux dégâts à de grandes distances. Telle a été la débâcle de la vallée de Bagne, qui fut barrée par le glacier de Gétroz et qui se transforma en un grand lac qui rompit enfin sa digue en 1818, et balaya et dévasta toute la vallée jusqu'au delà de Martigny (voy. p. 156). Les vieilles chroniques suisses sont remplies d'histoires de ce

(*) *Martins*, Observations sur les glaciers du Spitzberg, dans la Bibliothèque universelle de Genève, N° 56, p. 158. — Bulletin géologique de France, Tom. 11, p. 288.

genre qui attestent de fréquens conflits entre les glaciers et les cours d'eau qu'ils interceptent.

M. de Charpentier est le premier qui ait fait remarquer l'importance géologique du phénomène qu'offrent ces petits lacs avec leurs dépôts irrégulièrement stratifiés. Il a signalé, dans la vallée du Rhône, d'anciennes moraines qui présentent le même aspect et qui ont été remaniées sur le bord du grand glacier qui en remplissait le fond. Celle que j'ai vue avec lui, au-dessus des bains de Lavey, dans une localité où le flanc droit du glacier fut sans doute baigné par une flaque d'eau, est l'une des plus intéressantes que l'on puisse voir. Depuis, j'ai reconnu plusieurs moraines semblables dans d'autres localités et même dans le Jura, où elles occupent les différens niveaux correspondant aux arrêts survenus dans le retrait des anciennes glaces ; elles s'y voient même sur une bien plus grande échelle que dans les Alpes.

Il se forme encore d'une autre manière de petits lacs au bord des glaciers : c'est lorsque deux grands glaciers se réunissent dans une vallée inférieure sous un angle très-ouvert de manière à se prendre de flanc l'un l'autre. L'eau qui s'accumule à leur point de jonction occasionne d'abord un petit lac, qui va en grandissant jusqu'à ce qu'il déborde sur le glacier ; mais il arrive aussi que, par suite du mouvement progressif des deux glaciers, la flaque d'eau qui se trouve entre deux est refoulée sur le glacier à la manière des moraines médianes. Tel est le petit lac que l'on observe au pied du Gornerhorn et qui baigne la moraine qui contourne l'angle méridional du Gornerhorn ; le grand glacier de Gorner le prend de flanc et le refoule obliquement sur le glacier avec la moraine qu'il baigne. Un fait curieux c'est que ce petit lac s'écoule par dessous le glacier ordinairement pendant les premiers mois de l'été. De Saussure décrit un lac semblable qui se trouve au pied du Mont-Noir, entre les glaciers de Tzeudey et de la Valpeline, dans la vallée de la Valsorey ; ses eaux s'écoulent ordinairement au commencement de juillet, par des canaux intérieurs et occasionnent parfois de grands ravages. A l'embranchement des glaciers du Lauteraar et du Finsteraar, au pied de l'Abschwung on observe aussi quelquefois des flaques d'eau semblables.

La masse des glaciers ne diminue pas seulement par suite de l'eau qui s'en échappe ; il est une autre cause de destruction qui, bien que plus difficile à apprécier exactement dans ses effets, n'en est pas moins efficace et contribue puissamment à maintenir les glaciers dans certaines limites qui varient peu de nos jours ; je veux parler de l'évaporation de leur surface. Alors même qu'on ne saurait pas par des expériences directes que la glace s'évapore continuellement à sa surface, on pourrait le conclure d'un phénomène que l'on observe assez fréquemment sur les glaciers, c'est que, même par une température assez élevée de l'air, la glace reste sèche à sa surface ; ce qui prouve bien évidemment qu'au lieu de se fondre, elle s'évapore immédiatement. L'on entend alors sur toute la surface du glacier un singulier bruit de décrépitation, semblable au bruit de la neige gelée, lorsqu'on la foule du pied; ce bruit est accompagné d'un dégagement de bulles d'air innombrables, qui se déplacent dans la couche superficielle de la glace et viennent crever au dehors. On distingue le mieux ces bulles lorsqu'elles s'échappent sous de petites flaques d'eau très-planes et peu profondes. Faute d'appareils je n'ai pas pu en recueillir, comme je l'aurais desiré; car il serait intéressant de déterminer exactement la nature de cet air. J'espère que d'autres observateurs rempliront cette lacune.

Désireux de connaître l'état hygrométrique de l'atmosphère de ces hautes régions, j'ai observé pendant six jours consécutifs, du 11 au 17 août 1840, la marche de l'hygromètre de Saussure, comparativement au psychromètre d'August, dans le voisinage de ma cabane, à la surface même du glacier, par un état atmosphérique très-varié et à des températures qui changeaient continuellement. Je ne puis pas résumer d'une manière positive ces observations, avant de les avoir comparées attentivement avec celles qui ont été faites simultanément ailleurs. Je me bornerai donc pour le moment à dire que j'ai été généralement frappé de la sécheresse de l'air. L'aiguille de l'hygromètre de Saussure s'élevait fréquemment au-dessus de 50°; sur le sommet de la Strahleck et au Zäsenberg elle a même montré près de 40° pendant plus de deux heures, à des températures voisines de zéro et souvent même inférieures; les thermomètres du psychromètre différaient en même temps de 3 à 4 degrés.

Cependant les effets de la fonte et ceux de l'évaporation se confondent dans la part qu'ils ont à la diminution de la masse du glacier, et nous savons que leur influence est très-considérable; car s'il en était autrement, tous les phénomènes que nous avons déjà étudiés et qui dépendent simultanément de ces deux causes, ne seraient ni aussi prononcés ni aussi actifs. Je renvoie, pour les détails, aux chapitres qui traitent de l'aspect extérieur des glaciers, des aiguilles, des moraines, des tables et des cônes graveleux.

CHAPITRE XVI.

DES OSCILLATIONS DES GLACIERS DANS LES TEMPS HISTORIQUES.

Il n'est pas rare d'entendre parler, dans les Alpes, de glaciers qui avancent ou qui reculent. C'est même un fait sur lequel les montagnards insistent d'une manière toute particulière, sans doute parce qu'il touche de près à leurs intérêts. On rencontre de même, dans beaucoup de villages, des traditions relatives aux oscillations des glaciers qui les avoisinent; cependant comme ces traditions ne sont pas toujours exemptes d'exagération, on aurait tort de leur accorder une confiance illimitée. Plusieurs erreurs ont été introduites dans la science, parce que les auteurs qui les ont recueillies n'ont pas su comprendre le langage de la tradition. C'est ainsi que beaucoup de personnes, en entendant parler de glaciers qui *reculent*, s'imaginent que la masse entière se retire effectivement sur elle-même, tandis que les montagnards savent généralement fort bien que ce phénomène de retrait n'est autre chose que le résultat d'une dissolution accélérée de la partie inférieure opérée par la fonte et l'évaporation. Mais un sujet sur lequel il règne réellement des erreurs parmi eux, c'est celui de la progression des glaciers. Ils s'imaginent généralement que les glaciers glissent sur leur fond, et il n'est pas rare de leur entendre raconter des histoires très-extraordinaires sur la vitesse avec laquelle les glaciers cheminent, et sur les bonds qu'ils leur supposent. Comme ce sujet m'intéressait à un haut degré, je m'en suis informé dans beaucoup de villages et de mayens (*), sans jamais avoir rencontré un seul vieillard qui ait pu me dire qu'il avait été lui-même témoin du phénomène. C'était toujours ou son père, ou son frère, ou son aïeul qui le lui avait raconté.

Les oscillations des glaciers ont de tout temps fixé l'attention des naturalistes, parce qu'elles se rattachent d'une manière directe à la question générale de la température du globe. Nous avons vu, plus haut, Chap. 1, pag. 4, que déjà Scheuchzer les avait représentées comme l'un des phénomènes les plus remarquables des glaciers, en citant comme preuve le fait de la chapelle de Sainte-Pétronille, qui fut envahie par la glace.

(*) C'est le nom qu'on donne en Valais aux châlets dans lesquels les paysans passent l'été avec toute leur famille.

Mais cette question si importante est devenue réellement scientifique depuis que M. Venetz en a fait l'objet de son célèbre mémoire sur les variations de la température dans les Alpes de la Suisse (*). L'auteur ne s'est pas seulement borné à signaler certains accidens du sol qui témoignent d'une plus grande extension des glaciers, tels que les moraines situées à des distances plus ou moins considérables de l'extrémité actuelle des glaciers ; il a aussi consulté les anciens registres des paroisses et des communes du Valais, et en a extrait des preuves irrécusables en faveur d'une extension moins considérable de ces mêmes glaciers, à une époque plus récente. Enfin ses nombreuses courses dans toutes les parties des Alpes du Valais lui ont fourni une foule de renseignemens précieux sur les rapports divers des glaciers avec le sol et les lieux environnans. Aussi, ce qui donne à l'ouvrage de M. Venetz une valeur toute spéciale, c'est qu'il est écrit en quelque sorte sur les lieux mêmes où se manifestent ces oscillations. L'auteur a fait preuve d'un rare discernement dans le choix des faits qu'il signale à l'attention publique ; ce qui est d'autant plus difficile, qu'il arrive souvent que certaines localités changent complètement d'aspect sous l'influence de la main de l'homme, sans qu'il soit nécessaire de recourir à des

(*) Denkschriften der allg. schweizerischen Gesellschaft, Erster Band, Zweite Abtheilung. Zurich, 1833.

changemens extraordinaires dans l'état physique du sol et de l'atmosphère, pour les expliquer (*).

Les faits nombreux cités par M. Venetz sont rangés par lui en deux catégories. Les uns, qui lui paraissent prouver un abaissement de la température dans les temps historiques, sont empruntés essentiellement aux monumens historiques, et en partie à l'observation directe ; les autres, qui prouvent une élévation de la température, sont des monumens élevés par les glaciers eux-mêmes, pour perpétuer le souvenir de leur présence dans les lieux qu'ils ont jadis envahis. Voici quelques exemples de la première catégorie, que j'emprunte à M. Venetz.

« M. le chanoine Rivaz a trouvé parmi les écrits de la commune de Bagnes plusieurs titres qui constatent que cette commune possédait le droit de libre commerce avec le Piémont, en passant par la Chermontanaz et le col de Ferret. Or, maintenant il est bien rare d'y voir passer des mulets, le chemin y étant devenu très-difficile. Il paraît qu'autrefois on n'avait pas besoin de passer le glacier du Mont-Durand, comme à présent. »

« M. Rivaz a également trouvé, dans ces mêmes archives, un acte qui parle d'un procès que la commune de Bagnes eut avec celle de Liddes, relativement à une

(*) *Venetz*, Mémoire sur les variations de la température dans les Alpes, p. 2 et 3, dans les Denkschriften der schweizerischen Gesellschaft, l. c.

forêt située sur le territoire de Bagnes. Cette forêt n'existe plus. Un énorme glacier lui a succédé, et la communication est entièrement détruite en cet endroit. »

« De Zermatt, un passage très-fréquenté conduisait autrefois dans la vallée d'Hérens. En 1816, la commune de Zermatt racheta du chapitre de Sion une redevance provenant d'une procession annuelle qu'elle faisait jusqu'à Sion, en passant par les vallées de Zermatt et d'Hérens. La montagne qui sépare ces deux vallons est actuellement couverte de glaciers qui rendent ce passage tellement dangereux, que les chasseurs les plus hardis ont de la peine à pénétrer d'une vallée à l'autre. »

« De la vallée de Lötsch, en Valais, on ne peut passer qu'à pied dans celle de Gastern, tandis que ce passage était autrefois ouvert aux chevaux. »

« Dans le vallon de Grub (Grubthaeli), qui domine les mayens de Gruben et Meiden, dans la vallée de Tourtemagne, on trouve encore un grand trajet de chemin pavé conduisant, par le vallon dit Auskumen, dans la vallée de Saint-Nicolas. Ce passage est maintenant abandonné aux chasseurs de chamois. »

« On connaît, sur les deux flancs du Monte-Moro, le chemin à cheval qui allait autrefois aboutir de la vallée d'Anzasca (*Vallis Antuatium*) à celle de Saas, en Valais. On y trouve encore des trajets pavés d'une demi-lieue de longueur. Un second chemin conduisait pareillement de la vallée d'Antrona à Saas. D'après un manuscrit, espèce de chronique de la vallée de Saas (*), ces chemins étaient déjà très-vieux en 1440. Il est dit qu'en 1515 il s'était élevé un procès entre les habitans de Saas et ceux d'Antrona. Le juge était de Lucerne; mais comme, en ces temps-là, les Suisses avaient occupé les frontières voisines de l'Italie, où le cardinal Schinner avait paru en guerrier, la condamnation de ceux d'Antrona à l'entretien de ce chemin n'a pas eu d'effet. »

« Dans la première moitié du dix-septième siècle, les passages sont devenus très-difficiles. Dans le dix-huitième siècle, et notamment en 1719, 1724 et 1790, on s'est donné beaucoup de peine, et l'on a même fait des frais considérables pour réparer le chemin d'Antrona, afin d'y pouvoir transporter du sel et d'autres marchandises; mais ces réparations étaient chaque fois de peu de durée. Il est évident que ce chemin n'aurait pas été ouvert à grands frais, si, dans ce temps-là, un glacier eût existé sur ce passage; car on aurait prévu que d'un moment à l'autre il l'aurait rendu impraticable. »

M. Venetz conclut de ces faits et de beaucoup d'autres qu'il rapporte dans son mémoire, que les passages des hautes Alpes, dont il est ici question, étaient tous ouverts à la même époque (sans doute pendant les 11e,

(*) Die Geschichte des Thales Saas, aus etlich hundert Schriften zusammengezogen, von Peter Joseph Zurbrüggen, Beneficiat zu St-Antoni von Padua.

12e, 13e, 14e et 15e siècles). Il cite à l'appui de cette opinion la cloche de la chapelle de Sainte-Pétronille, qui date de 1044. — « D'après M. Zurbrüggen, dit-il, « ce n'est que dans le commencement du dix-septième « siècle que les passages des montagnes sont devenus « difficiles, et ce n'est que dans le dix-huitième siècle « qu'ils sont devenus inaccessibles aux chevaux (*). »

Cette opinion de M. Zurbrüggen me semble encore justifiée par le fait suivant. L'histoire rapporte que lors des persécutions qui éclatèrent à l'époque de la réformation, contre les protestans du Haut-Valais, ceux-ci ne pouvant se livrer à l'exercice de leur culte, chez eux, avaient pris l'habitude de se rendre, par la vallée de Viesch, à Grindelwald, pour y faire baptiser leurs enfans. En visitant, l'année dernière (1839), les glaciers d'Aletsch et de Viesch, j'ai trouvé, près du lac d'Aletsch ou de Mœril, le long du glacier, des traces très-reconnaissables de cette ancienne route, qui sans doute longeait plus haut les crêtes des Viescherhörner (voy. Pl. 12). Ce chemin, qui est muré en divers endroits très-escarpés, disparaît à plusieurs reprises sous le glacier pour reparaître plus loin, de manière qu'il est impossible de le suivre maintenant, à cause des parois abruptes du glacier. Il est donc évident que le niveau du glacier s'est élevé. Aussi la traversée est-elle aujourd'hui très-difficile et des plus périlleuses; je

(*) *Venetz*, l. c. p. 38.

ne connais personne qui l'ait tentée directement. Il n'y a que M. Hugi qui ait traversé la mer de glace dans cette direction (de Lötsch à Viesch), et il décrit cette course comme la plus pénible de toutes celles qu'il a effectuées (*).

Les faits qui prouvent une plus grande extension des glaciers que celle qu'ils ont aujourd'hui, se tirent essentiellement des anciennes moraines plus ou moins éloignées de l'extrémité actuelle des glaciers ; et certes on ne saurait exiger des preuves plus convainquantes pour démontrer que les glaciers qui les ont accumulées occupaient autrefois tout l'espace qui les en sépare maintenant. Les vallées des Alpes sont remplies de moraines pareilles, et leur distance des glaciers varie dans des limites très-considérables. Mais il s'agit de savoir à quelle époque elles ont été déposées, et ici nous touchons à une question des plus difficiles de l'histoire des glaciers. Il est probable que celles qui sont très-rapprochées de l'extrémité des glaciers ont été en partie déposées pendant les temps historiques ; car tous les glaciers dont l'extension a été plus grande pendant les deux derniers siècles ont dû déposer des moraines plus ou moins considérables en se retirant. Telles sont probablement les moraines terminales du glacier du Rhône, dont la première était, en 1826, d'après les observations de M. Venetz, à 1,408 pieds

(*) *Hugi*, Naturhistorische Alpenreise, p. 279.

de l'extrémité du glacier (*); les moraines du glacier supérieur du Grindelwald, dont Gruner a indiqué les oscillations pendant à-peu-près deux siècles, et dont les variations sont très-sensibles de nos jours (**); la

(*) *Venetz*, l. c. p. 32.

(**) «Selon la tradition orale, cet amas (le glacier) subsiste depuis un temps immémorial; mais les vallées qu'il remplit aujourd'hui ont eu beaucoup de pâturages: on a d'ailleurs des preuves certaines qu'il s'est emparé de terres fertiles. Sur la côte des Viercherhœrner et de l'Eiger, au milieu de la glace, on voit plusieurs troncs de mélèzes, qui sont là peut-être depuis plusieurs siècles. On sait que ce bois a la propriété de se durcir a l'humidité. Ceux qui ont monté jusqu'à ces troncs disent qu'on ne peut en détacher la plus petite partie avec le couteau le mieux aiguisé. Il paraît donc que ces arbres sont dans la glace depuis longtemps.....

«Les archives du pays nous apprennent qu'en 1540, la chaleur extraordinaire de l'été fondit cet amas en entier, et qu'on vit à découvert, jusqu'en automne, les rochers de ces montagnes, mais qu'il fut entièrement recomposé en peu d'années. Nous n'avons aucune connaissance des changemens qu'il a éprouvés depuis ce temps jusqu'en 1660. Il diminua un peu depuis cette année jusqu'en 1686, et il y a toute apparence que les changemens qu'il éprouva jusqu'à la fin du siècle dernier furent peu considérables. Au commencement du présent siècle, et surtout en 1703, cet amas augmenta beaucoup, et couvrit une partie des pâturages de la paroisse, qui sont inscrits dans ses registres et ensevelis sous les glaces. Il est très-vraisemblable qu'il s'étendit peu à peu jusqu'en 1720. Depuis ce temps il a diminué et augmenté tour à tour. En 1750 il était très-petit, et les habitans du pays disaient que depuis un temps immémorial il n'avait pas autant diminué.»

Ainsi la diminution et l'augmentation annuelle des amas de glace sont fort inégales et n'ont pas chacune une période régulière de sept années, comme le croient les habitans des montagnes et même quelques savans.» — *Gruner*, Histoire naturelle des glaciers de Suisse, trad. de M. de Kéralio, p. 330 et s.

grande moraine du glacier de Prenva, qui, dans ces derniers temps, a été en grande partie envahie par le glacier. Suivant M. Venetz, le glacier commençait à rétrograder en 1820, après avoir renversé les restes d'une chapelle et plusieurs arbres, dont les anneaux d'accroissement indiquent, pour l'un, 200, et pour l'autre 220 ans; preuve qu'il y avait plus de deux siècles qu'il n'avait pas eu l'étendue qu'il avait à cette époque. Je citerai encore les moraines du glacier des Bois, dont l'une est plantée de sapins, et plusieurs autres exemples signalés par M. Venetz. Mais en est-il de même de ces moraines situées à des distances plus considérables des glaciers, et sur la déposition desquelles l'histoire ne nous a transmis aucun renseignement? Ici, il faut l'avouer, la limite entre l'époque historique et les époques géologiques antérieures, nous échappe en quelque sorte. Je crois même qu'il sera difficile d'arriver, à cet égard, à une délimitation rigoureuse, par la raison que les distances seules ne sauraient être invoquées comme une preuve décisive; car nous verrons, plus bas, que, de nos jours, certains glaciers oscillent dans des limites très-étendues, et déplacent ainsi constamment leurs moraines. Il faut par conséquent que d'autres considérations viennent corroborer les conclusions que l'on peut tirer de la distance qui sépare les moraines de l'extrémité des glaciers, si l'on veut les faire servir à une détermination approximative de leur âge. Tous les faits cités par

M. Venetz ne me paraissent pas également concluans à cet égard. Cependant si l'on se rappelle que les glaciers en général étaient moins étendus au moyen-âge qu'ils ne le sont maintenant, et qu'ils n'ont commencé à envahir les hauts passages des Alpes que dans les 17e et 18e siècles, on sera forcé d'admettre que la formation de beaucoup de moraines très-éloignées des glaciers actuels remonte à une époque très-reculée de l'histoire, si toutefois elle n'est pas antérieure à la création de l'espèce humaine ; car comme elles supposent une extension des glaciers plus considérable que celle qu'ils ont eue dans nos temps modernes, on en aurait gardé le souvenir, si elle avait eu lieu depuis le 17e siècle.

Dans ces derniers temps, les oscillations des glaciers ont été très-sensibles. M. Venetz nous apprend qu'en 1811 les glaciers s'étaient retirés très-haut dans les vallées, mais que les années froides de 1815, 1816 et 1817, ayant rechargé les montagnes d'une masse de neige énorme, les glaciers descendirent considérablement dans les régions inférieures ; il assure avoir vu le glacier de Distel, dans la vallée de Saas près du Monte-Moro, descendre plus de 50 pieds dans une année (*). Zumstein rapporte qu'il vit à-peu-près à la même époque le grand glacier de Lys s'avancer de 150 toises pendant six ans (**).

(*) *Venetz*, l. c. p. 4.

(**) *von Welden*, Der Monte Rosa, p. 117.

Dans ce moment la plupart des glaciers que j'ai observés avancent considérablement, en particulier ceux de l'Oberland bernois. Le glacier inférieur de l'Aar s'est allongé de plus d'un quart d'heure depuis 1811; (à cette époque, il se terminait, suivant ce que m'a assuré Jacob Leuthold, près de la grotte aux cristaux du Zinkenstock.) Les glaciers de Grindelwald augmentent aussi sensiblement, ainsi que celui de Rosenlaui (*). Le grand glacier de Zermatt empiète sur sa rive gauche, tandis qu'il parait être stationnaire sur la rive droite.

En résumant tous ces faits, on ne peut s'empêcher de reconnaître une certaine périodicité en grand dans ces oscillations des glaciers; quelques auteurs ont même affirmé, sans doute sur la foi des habitans des Alpes, que cette périodicité était régulière, ou, en d'autres termes, que les variations de niveau avaient toujours lieu à des époques déterminées; mais cette opinion n'est appuyée d'aucun fait positif.

Il est un autre phénomène très-curieux dont on ne saurait constester la réalité, c'est que certains glaciers décroissent, tandis que d'autres augmentent, té-

(*) En visitant de nouveau cette année (1840) tous ces glaciers, je fus très-étonné de voir que le glacier inférieur de l'Aar avait avancé de plus de 50 pieds depuis l'année dernière; sa surface s'était en même temps élevée de 12 à 15 pieds près de l'Abschwung; le glacier supérieur de Grindelwald s'est accru d'au moins 100 pieds sur sa rive droite; le glacier de Gauli a également avancé; il paraît qu'il en est de même des glaciers du Valais.

moin le glacier supérieur de l'Aar qui diminue, tandis que le glacier inférieur continue à s'étendre. M. Venetz a essayé une explication très-ingénieuse de ce phénomène, qu'il attribue à la différence d'inclinaison des glaciers : « Il est naturel, dit-il, que les glaciers qui descendent avec une grande rapidité dans un climat chaud, se déchargent plus vite de leur surcroît de glace que ceux qui ne marchent que lentement. Il est donc aussi naturel que ces derniers doivent encore avancer, quand même il survient une époque de plusieurs années chaudes qui font déjà reculer les autres, car leur masse ne diminue pas si promptement. Comme tous les glaciers reposent sur des bases différemment inclinées, il est certain qu'ils doivent différemment avancer et reculer (*). »

Le phénomène des oscillations des glaciers n'est, en résumé, qu'un effet de compensation résultant, d'une part, de leur marche progressive et, de l'autre, de la décomposition qu'ils subissent à leur extrémité; et comme l'été est la saison du travail des glaciers, tandis que l'hiver est l'époque du repos, leur agrandissement ou leur décroissance dépendra toujours de l'état de la température pendant cette saison. Aussi les mesures que l'on donne de leur augmentation dans un temps donné, ne sont-elles en aucune façon la mesure de la marche réelle de leur masse.

(*) *Venetz*, l. c. p. 4.

Les faits rapportés par M. Venetz sur les oscillations des glaciers, et ceux que j'ai recueillis à d'autres sources, ou observés moi-même sur le même sujet, sont certainement de la plus haute importance pour la physique générale. Car quels que soient les resultats auxquels les recherches des physiciens s'arrêtent sur la marche de la température du globe, depuis l'époque de sa formation jusqu'à nos jours, toujours est-il que les faits concernant les glaciers, dont il vient d'être question, devront y trouver une place, et que toute théorie qui n'en rendra pas compte pourra être envisagée, à juste titre, comme incomplète.

M. Venetz a conclu de ses observations et de ses recherches historiques à des oscillations de la température, sans dire positivement s'il entendait parler d'oscillations dans l'état de la température du globe en général, ou s'il envisageait ces oscillations comme locales. Nous avons déjà vu, en parlant de la formation des glaciers, combien il fallait être sur ses gardes pour ne pas attribuer à des changemens dans la température moyenne ce qui s'explique très-bien par des influences locales réitérées pendant une série d'années. Vouloir attribuer à des changemens généraux, dans la répartition de la chaleur à la surface du globe, les oscillations des glaciers qui rentrent dans le domaine de l'histoire, serait admettre une explication directement en contradiction avec ce résultat si bien établi par M. Arago (*), sur une série de faits concluans, savoir, que la température moyenne de la surface du globe n'a pas changé d'une manière appréciable dans les temps historiques. Il faut donc attribuer à des influences locales les changemens si fréquens, mais circonscrits dans des limites assez étroites, que nous offrent les glaciers dans leur extension. Mais s'il n'y a pas eu de changemens appréciables dans la température du globe pendant les temps historiques, il n'en est pas moins vrai que des oscillations locales très-considérables, et qui ont pu avoir une influence très-étendue sur le climat de certaines localités, se sont fait sentir à différentes reprises. On connaît des faits assez nombreux qui indiquent des changemens semblables dans une foule de localités, et qui sont dus à d'autres causes que les glaciers. Tels sont les effets du déboisement dans le nord de l'Amérique et dans certaines contrées de la France, qui se trouvent énumérées dans le mémoire remarquable de M. Arago, sur l'état thermométrique du globe terrestre. L'extension des glaces a produit des changemens plus notables encore dans d'autres contrées. L'envahissement du Groenland par les glaces, au quinzième siècle, est un fait trop bien établi pour qu'il puisse être révoqué en doute. Il faut donc admettre que, malgré la fixité de la température du globe en général,

(*) Annuaire du Bureau des longitudes pour l'an 1834.

des circonstances locales ont pu et ont réellement modifié considérablement le climat de certaines contrées. Les faits que j'ai rapportés plus haut et qui prouvent que les glaciers ont été soumis à des oscillations très-notables dans les temps historiques, rentrent dans cette catégorie, puisqu'ils ont eu lieu à une époque, pendant laquelle l'état thermométrique général du globe est resté sensiblement le même. Ce qui prouve en outre que ces changemens sont dus à des influences locales et ne dépendent point de changemens généraux, c'est que l'accroissement le plus considérable des glaciers des Alpes qui soit constaté par des documens historiques, ne coïncide pas avec l'envahissement du Groenland par les glaces. En effet, c'est au commencement du quinzième siècle que la côte du Groenland est devenue inaccessible; or, nous avons vu qu'à cette époque les plus hauts passages des Alpes étaient encore libres; tandis que c'est seulement dans la première moitié du dix-septième siècle qu'ils sont devenus très-difficiles, et enfin presque inaccessibles au dix-huitième siècle.

Nous allons maintenant passer à l'étude des faits qui démontrent une extension bien plus considérable des glaciers, dans des temps plus reculés, et voir si ces faits peuvent se concilier avec l'idée de simples changemens locaux, ou s'ils se rattachent à des changemens plus généraux survenus dans l'état thermométrique de notre planète.

CHAPITRE XVII.

DE L'ANCIENNE EXTENSION DES GLACIERS DANS LES ALPES.

Après avoir étudié les phénomènes qui démontrent des oscillations fréquentes des glaciers, dans des *limites étroites* qui peuvent en quelque sorte être constatées d'année en année, nous allons maintenant nous occuper des oscillations plus considérables auxquelles les glaciers ont été soumis, ou plutôt de l'extension immense qu'ils ont eue, à une époque antérieure à l'histoire. Les faits qui démontrent cette immense extension des glaciers, dans des limites qui dépassent tout ce que la tradition nous a conservé, sont très-nombreux et s'observent plus ou moins dans toutes les vallées alpines. Leur étude est même facile, lorsqu'on est sur la voie, et qu'on a appris à saisir jusqu'aux moindres indices de leur présence. Si l'on a été si long-temps avant de les remarquer et de les rattacher aux phénomènes des glaciers, c'est parce qu'ils sont souvent isolés et plus ou moins éloignés de leur source première. Et s'il est vrai que ce soit une prérogative de l'observateur scientifique, de pouvoir lier dans son esprit des faits qui apparaissent sans liaison à la foule, c'est surtout dans ce cas qu'il est appelé à en faire usage. J'ai souvent comparé par devers moi ces faibles traces des effets du temps passé, produits par les glaciers, à l'apparence d'une pierre lithographique préparée pour être longtemps conservée, et sur laquelle on n'aperçoit les traces du travail qui y est empreint, que lorsqu'on sait où et comment le chercher.

Le fait de l'ancienne existence de glaciers qui ont disparu se démontre par la présence des divers phénomènes qui les accompagnent constamment, et qui peuvent continuer à subsister lors même que la glace a disparu. Ces phénomènes sont les suivans :

1° *Les moraines.* Leur disposition et leur composition les rendent toujours reconnaissables, lors même qu'elles ne reposent plus sur le bord des glaciers, ou qu'elles ne cernent plus immédiatement leur extrémité inférieure. Je les ai décrites assez en détail, au chapitre 8, pour n'être pas obligé d'y revenir ici. Je ferai cependant remarquer que les moraines latérales et terminales peuvent seules faire reconnaître avec certitude les diverses limites de l'extension des glaciers, parce qu'elles sont faciles à distinguer des digues et des nappes irrégulières de blocs que charrient les torrens des Alpes. Les moraines latérales déposées sur le flanc des vallées sont rarement atteintes par les torrens du fond ; mais elles sont, en revanche, souvent coupées par les eaux qui ruissèlent le long des parois, et qui, en interrompant leur continuité, les rendent d'autant plus difficiles à reconnaître.

2° *Les blocs perchés.* Il arrive souvent que les glaciers entourent des pointes saillantes de rochers et forment autour d'elles des entonnoirs plus ou moins profonds, dont les parois s'arrondissent par l'effet de la réverbération. Lorsque le glacier s'abaisse et se retire, les blocs qui sont tombés dans ces entonnoirs restent souvent perchés sur la pointe du rocher qui en occupe le fond, dans des conditions d'équilibre telles, que toute idée de courans, comme cause de leur transport, est complètement inadmissible dans une pareille position. Lorsque des pointes semblables de rocher font saillie au-dessus de la surface du glacier, (voy. Pl. 4) ou qu'elles apparaissent comme des îlots plus considérables au milieu de sa masse, comme le *jardin* de la Mer de glace au-dessus du Montanvert, leurs flancs se revêtent de blocs qui les entourent de toutes parts et finissent par former une sorte de couronne autour de leur sommet, lorsque le glacier s'abaisse ou se retire complètement. Les courans ne produisent rien de semblable; au contraire, lorsqu'un torrent se brise contre un rocher saillant, les blocs qu'il charrie le contournent pour former plus loin une traînée plus ou moins régulière. Jamais, dans des circonstances pareilles, les blocs ne peuvent s'arrêter en amont ni sur les flancs du rocher; car, de ce côté, la vitesse du courant est accélérée par la résistance, et les blocs mobiles sont entraînés avec violence au-dessous de la saillie, où ils se déposent.

3° *Les roches polies et striées*, telles qu'elles ont été décrites au chapitre 14, sont encore un phénomène qui signale incontestablement la présence d'un glacier; car, ainsi que nous l'avons dit plus haut, ni les courans, ni les vagues des grandes plages ne produisent des effets semblables. La direction générale de leurs stries et de leurs sillons indique la direction du mouvement général du glacier; les stries qui dévient plus ou moins de cette direction générale sont dues à des effets locaux de dilatation et de retrait dont nous traiterons plus bas.

4° *Les lapiaz* ou *lapiz*, que les habitans de la Suisse allemande appellent *Karrenfelder*. Il n'est pas toujours possible de les distinguer des érosions, parce que, produits comme ces dernières par les eaux, ils n'en diffèrent pas dans leurs caractères extérieurs, mais uniquement par leur position. Les érosions des torrens occupent toujours des dépressions plus ou moins profondes, et ne s'étendent jamais sur de grandes surfaces inclinées. Les lapiaz, au contraire, se rencontrent fréquemment sur les parties saillantes des parois des vallées, en des endroits où il n'est pas possible de supposer que des eaux aient jamais formé des courans.

Certains géologues, fort embarrassés d'expliquer ces phénomènes, ont supposé qu'ils étaient dus à des infiltrations d'eaux acidulées; mais cette supposition est purement gratuite.

Nous allons maintenant décrire les traces de ces divers phénomènes, tels qu'ils se rencontrent dans les Alpes, en dehors des limites actuelles des glaciers, afin de démontrer qu'à une certaine époque, ces derniers ont eu une plus grande extension que maintenant.

Les *anciennes moraines,* situées à de grandes distances des glaciers actuels, ne sont nulle part aussi distinctes et aussi fréquentes que dans le Valais, où MM. Venetz et J. de Charpentier les ont signalées pour la première fois. Mais comme leurs observations sont encore inédites, et que ce sont eux qui m'ont appris à les reconnaître, ce serait m'approprier leur découverte si je les décrivais ici en détail. Je me bornerai donc à dire qu'on retrouve des traces plus ou moins distinctes d'anciennes moraines terminales, en forme de digues cintrées, au-dessous de tous les glaciers, à la distance de quelques minutes, d'un quart d'heure, d'une demi-heure, d'une heure, et même de plusieurs lieues de leur extrémité actuelle : ces traces deviennent de moins en moins distinctes à mesure que l'on s'éloigne des glaciers, et comme elles sont souvent traversées par des torrens, elles ne sont pas aussi continues que les moraines qui cernent les glaciers de plus près. Plus ces anciennes moraines sont éloignées des glaciers et plus elles s'élèvent sur les parois de la vallée; ce qui nous prouve que l'épaisseur du glacier a dû être d'autant plus considérable que son étendue était plus grande. Leur nombre indique en même temps autant de points d'arrêt dans le retrait du glacier, ou autant de limites extrêmes de son extension, limites qu'il n'a plus atteintes après s'être retiré. J'insiste sur ce point, parce que s'il est vrai que toutes ces moraines démontrent une extension plus grande des glaciers, elles nous prouvent en même temps que leur retrait dans les limites actuelles, loin d'avoir été brusque, a au contraire été marqué par des temps d'arrêt plus ou moins nombreux, qui ont occasionné la formation d'une série de moraines concentriques qui rappellent encore maintenant cette marche.

M. Venetz, dans son mémoire sur la température des Alpes (*), cite un grand nombre d'exemples d'anciennes moraines. En voici quelques-uns des plus remarquables :

1) «Les chalets de Giéta dans la vallée du Mont-Joie, en Savoie, sont bâtis entre trois anciennes moraines que le glacier de Trelatête a jadis poussées jusque là. En 1821, ce glacier en était éloigné d'environ 7000 pieds.»

2) « Le glacier de Salénaz, dans la vallée de Fer-

(*) *Venetz*, l. c. p. 16 et suiv.

ret, sur le Valais, a laissé sur sa droite une énorme moraine qui est, à vue d'œil, à environ 8000 pieds de l'extrémité du glacier actuel. En examinant cette moraine et ses environs, on ne doute nullement que le glacier n'ait jadis occupé le village des Plans des Fours. Cette contrée, autrefois occupée par les glaces, est maintenant couverte de belles prairies et de forêts, dont une très-épaisse occupe la moraine. »

3) « Le glacier de Rossboden sur le Simplon a plusieurs anciennes moraines qui démontrent qu'à l'endroit où le torrent de Wali (*Walibach)* traverse la grande route, le glacier avait autrefois plus de 200 pieds d'épaisseur. Le petit village d'An-der-Eggen est élevé sur l'une de ces moraines ; la dernière est à environ 7000 pieds du glacier actuel » (voy. la pl. qui accompagne le Mém. de M. Venetz p. 26).

4) « Le glacier de Sirwolten a laissé sur sa gauche, au-dessous de l'ancien hospice du Simplon, trois moraines, qui se trouvent maintenant à une bonne lieue du glacier. »

5) « Entre le chalet de Lorenze, situé près du chemin de Rawyl, commune d'Ayent, et le premier grenier de Rawyl, on trouve une grande moraine couverte de hauts mélèzes ; cette moraine est à une forte lieue de marche du glacier. »

6) « Le glacier de l'Ossera, dans la vallée d'Hermence, a laissé de grandes moraines ; la plus éloignée

de l'extrémité actuelle du glacier en est à une forte demi-lieue. »

7) «Sur la gauche du glacier de Combaly, au-dessus des chalets de la vallée d'Hermence, on remarque des moraines qui descendent à 2000 pieds plus bas que le glacier actuel.»

8) «Les villages de Ried, Bodmen et Halten dans le Haut-Valais, sont bâtis sur une ancienne moraine ; le glacier de Viesch qui l'a jadis déposée, en est maintenant éloigné de plus de 12,000 pieds. »

A ces exemples cités par M. Venetz, je pourrais en ajouter d'autres non moins concluans, tels que les moraines que l'on rencontre dans la vallée d'Oberhasli, à un quart de lieue de Meiringen, et qui maintenant sont à plusieurs lieues des glaciers les plus rapprochés; la grande moraine de la vallée de Kandersteg, située en face de l'auberge, et qui maintenant est éloignée de plus d'une lieue du glacier d'Oeschinnen ; elle a la forme d'un immense croissant adossé au First ; dans sa partie centrale, elle présente deux arêtes, et à ses extrémités plusieurs ailes concentriques ; son côté abrupte est tourné vers Kandersteg; il en découle continuellement des torrens de boue et de gravier. En face de l'Altels, on remarque également une très-grande moraine terminale double qui se réunit, au-dessous du Rinderhorn, à une immense avalanche de cette dernière crête. Enfin je citerai encore la moraine située près de la chapelle des Tines, à une demi-lieue du glacier des Bois, et sur laquelle Saussure a déjà appelé l'attention comme sur un phénomène très-extraordinaire.

Les traces de moraines longitudinales sont moins fréquentes, moins distinctes, et plus difficiles à poursuivre, parce que, désignant les niveaux auxquels les bords des glaciers se sont élevés, à différentes époques, c'est ordinairement au-dessus des sentiers qui longent les parois escarpées des vallées qu'il faut les chercher, à des hauteurs où il n'est pas toujours possible de cheminer dans le sens de la vallée. Souvent aussi les parois de la vallée qui ont encaissé le glacier sont tellement escarpées, qu'il n'y a que par-ci par-là quelques blocs qui ont pu rester en place. Elles sont cependant très-distinctes dans la partie inférieure de la vallée du Rhône, entre Martigny et le lac de Genève, où l'on en observe plusieurs rangées parallèles les unes au-dessus des autres, à des niveaux de 1,000, 1,200 et même 1,500 pieds au-dessus du Rhône. C'est entre Saint-Maurice et la cascade de Pissevache, près du hameau de Chaux-Fleurie, qu'elles sont le plus accessibles ; ici les parois de la vallée présentent de petits gradins, à différens niveaux, sur lesquels les moraines se sont conservées. Elles sont également très-distinctes au-dessus des bains de Lavey et au-dessus du village de Monthey, à l'entrée du Val d'Illiers, où les flancs de la vallée sont moins inclinés que dans beaucoup d'autres localités.

Les blocs perchés, que l'on trouve dans les vallées alpines, à des distances considérables des glaciers, occupent parfois des positions si extraordinaires qu'ils piquent à un haut degré la curiosité de tous ceux qui les observent. En effet, lorsqu'on voit un bloc de forme anguleuse perché sur le sommet d'une pyramide isolée, ou accolé en quelque sorte à une paroi très-raide, la première idée qui se présente à l'esprit, c'est de s'enquérir quand et comment ces blocs ont été déposés en pareils lieux, d'où le moindre choc semblerait devoir les renverser. Mais ce phénomène n'a plus rien d'étonnant, lorsqu'on sait qu'il se reproduit également dans les limites des glaciers actuels, et que l'on se rappelle par quelles circonstances il y est occasionné. Et comme ces blocs sont ordinairement accompagnés de surfaces polies, ils nous fournissent une autre preuve que les localités dans lesquelles on les trouve ont jadis été occupées par les glaces. Les exemples les plus curieux de blocs perchés que l'on puisse citer, sont ceux qui dominent, au nord, la cascade de Pissevache, près de Chaux-Fleurie, et au-dessus des bains de Lavey ; ceux que l'on rencontre en montant des bains de Lavey au village de Morcles, et ceux, plus rares, que j'ai vus dans les vallées de Saint-Nicolas et d'Oberhasli. Au Kirchet, près de Meiringen, on voit des couronnes très-remarquables de blocs, autour de plusieurs dômes de rochers, qui paraissent avoir fait saillie au-dessus de la surface du glacier qui les entourait. Quelque chose de tout-à-fait semblable se voit autour du sommet de la roche de Saint-Triphon.

Le phénomène si extraordinaire des blocs perchés ne pouvait échapper à l'œil observateur de Saussure. Il en signale plusieurs sur le Salève, dont il décrit la position de la manière suivante : « On voit, dit-il, sur le penchant d'une prairie inclinée, deux de ces grands blocs de granit élevés l'un et l'autre au-dessus de l'herbe, à la hauteur de deux ou trois pieds, par une base de roche calcaire sur laquelle chacun d'eux repose. Cette base est une continuation des bancs horizontaux de la montagne, elle est même liée avec eux par sa face postérieure ; mais elle est coupée à pic sur les autres côtés, et n'est pas plus étendue que le bloc qu'elle porte(*). » Or, comme la montagne entière est composée du même calcaire que cette base, de Saussure en conclut naturellement qu'il serait absurde de supposer que ce fond se fût élevé précisément et uniquement au-dessous de ces blocs de granit. Mais, d'un autre côté, comme il ignorait la manière dont ces blocs perchés sont déposés de nos jours par les glaciers, il eut recours à une autre explication : il suppose que le rocher s'est abaissé autour de cette base, par l'effet de l'érosion continuelle des eaux et de l'air, tandis que la portion de rocher qui sert de base au granit aurait été protégée par ce dernier. Cette expli-

(*) *De Saussure*, Voyages, Tom. 1, p. 141, § 227.

cation, quoique très-ingénieuse, ne saurait plus être admise, depuis que les recherches de M. Elie de Beaumont ont démontré que l'action des agens atmosphériques n'est pas, à beaucoup près, aussi destructive qu'on le croyait auparavant. Saussure parle encore d'un bloc détaché situé sur le passage de la Tête-Noire, « qui est, dit-il, d'une si grande taille, qu'on « serait tenté de le croire né dans la place qu'il oc- « cupe ; on le nomme *Barme rousse*, parce qu'il est en- « cavé par dessous, de manière qu'il pourrait servir « d'abri à plus de trente personnes à la fois (*).

Les *roches polies* s'étendent généralement bien au-delà des limites des glaciers jusque dans la partie inférieure des vallées alpines, et souvent à de très-grandes distances des glaciers actuels. Les flancs des vallées en sont également affectés jusqu'à des hauteurs que les glaciers n'ont plus atteintes de mémoire d'homme. Si, comme nous l'avons vu plus haut (p. 189), il ne peut exister aucun doute sur la cause de ces roches polies, si ce sont bien les glaciers qui leur donnent leur aspect si particulier, dans des limites où on les voit encore en contact avec les glaces, on ne saurait douter que les glaciers se soient étendus et élevés jusqu'aux limites extrêmes où l'on en retrouve des traces de nos jours. Or, ces limites sont, dans la plupart des cas, les mêmes que celles des anciennes

(*) *De Saussure*, Voyages, Tom. 2, p. 92, § 703.

moraines, et l'on conçoit qu'il doive en être ainsi, du moment que l'on sait que les roches polies sont dues, ainsi que les anciennes moraines, à la grande extension des glaciers d'autrefois.

Je range parmi les roches polies les plus remarquables de la Suisse, celles que j'ai observées avec M. Studer, sur le sommet du Riffel, dans la vallée de Saint-Nicolas, au-dessus du glacier de Zermatt (Pl. 6, 7 et 8). Elles sont d'un poli si parfait, qui ressemble si fort à celui des rochers sur lesquels le glacier repose actuellement, qu'en les voyant, M. Studer lui-même s'est rendu à l'évidence des faits, après les avoir long-temps méconnus. Je suis fier d'avoir opéré cette conversion; car, aux yeux de plusieurs, elle aura plus de valeur que les faits que j'ai observés, et elle me prouve, ce qui est bien rare, mais bien digne d'un homme scientifique, que M. Studer sait abandonner franchement et publiquement une opinion, lorsqu'il a reconnu qu'elle est erronée. M. Studer ayant déjà donné lui-même une description de ces roches polies dans le Bulletin de la Société géologique de France (*); et M. Desor, dans le journal de notre voyage au Mont-Rose et au Mont-Cervin, dans la Bibliothèque universelle de Genève (**), je renvoie mes lecteurs à ces deux notices. Sur les flancs et au-des-

(*) Bulletin, Février 1840.

(**) Bibliothèque univ., N° 53, mai 1840.

sous du glacier du Rhône, on observe aussi des roches polies; elles sont particulièrement distinctes à quelque distance du glacier, et au-dessus du village d'Oberwald, où M. Guyot les a signalées en premier lieu. Plus bas, on en retrouve des traces, de distance en distance, jusqu'à Viesch, partout où la roche est de nature à maintenir les effets du poli : j'en ai observé, entre autres, de très-caractéristiques dans la vallée de Viesch (Pl. 9). Même dans les environs de la ville de Louèche, on rencontre encore quelques traces de roches polies, qui sont sans doute dues à la plus grande extension des glaciers de la vallée de Lœtsch. Plus bas encore on les retrouve aux environs de Martigny. Mais dans toute la vallée du Rhône elles ne sont nulle part aussi bien conservées que près de Pissevache, au-dessus du village d'Evionaz et aux environs de Morcles, où les roches granitiques sont généralement moutonnées.

Dans la vallée d'Oberhasli, les surfaces polies se laissent poursuivre sans interruption notable depuis l'issue du glacier jusqu'à Meiringen. Les parois du cirque dans lequel est situé l'hospice du Grimsel, sont polies depuis leur base jusqu'à leur sommet, à tel point que l'on a été obligé de hâcher des sillons dans le granit pour empêcher les chevaux de glisser. Plus loin, en longeant le cours de l'Aar, on distingue encore, à la lunette, ces mêmes polis jusqu'au sommet des plus hautes cimes. Les flancs du Sidelhorn en sont pourvus en beaucoup d'endroits. En faisant, cette année (1840), l'ascension de cette montagne, j'ai mesuré la hauteur de plusieurs de ces surfaces que j'ai trouvé être de près de 8,000 pieds, c'est-à-dire de plus de 2,590 pieds au-dessus du fond de la vallée. A l'Abschwung (Pl. 14, voyez la planche au trait), on en découvre encore à des niveaux plus élevés. Enfin il n'est personne qui, en montant au Grimsel, n'ait été frappé d'étonnement à la vue de cette vaste surface, polie comme le plus beau marbre, que l'on rencontre au-dessus de la Handeck, et qui porte dans la vallée le nom de Hœllenplatte. Je l'ai représentée, Pl. 15, afin de faire voir la ressemblance frappante de ces surfaces polies des Alpes avec celles que l'on rencontre dans le Jura. Les dômes arrondis au-dessus de la chute de la Handeck (Pl. 16) ne sont pas moins dignes d'attention, à cause de leur forme et de leur position extraordinaires. Il suffit de les avoir vus pour être convaincu que l'eau ne saurait les avoir occasionnés.

Toutes ces surfaces ne sont pas seulement unies et polies, elles présentent aussi les mêmes sillons et les mêmes raies que l'on observe sous les glaciers actuels. M. Mousson, dans son ouvrage sur la géologie des environs de Baden (*), mentionne particulièrement les

(*) Geologische Skizze der Umgebungen von Baden im Canton Aargau, von *Alb. Mousson*. Zurich 1840, p. 90.

sillons des environs du Grimsel, qui, dit-il, s'élèvent à une grande hauteur au-dessus du fond de la vallée : il les attribue, ainsi que le poli des roches, au frottement de blocs qui auraient été entraînés par un courant. Il va même jusqu'à prétendre que, même sans admettre une vitesse exagérée, des masses de pierres du volume des blocs erratiques auraient pu user les parois de ces vallées. Quant à moi, je n'ai jamais pu concevoir un courant qui, dans des régions aussi élevées que le Grimsel (*), se serait élevé à quelques mille pieds au-dessus du fond de la vallée, et qui, à un niveau pareil, aurait tenu en suspension des blocs capables de polir complètement les flancs de toute la vallée. Je ne demanderai pas à M. Mousson quelle a dû être la durée d'un courant capable de produire des effets pareils, mais bien d'où il fait venir les masses d'eau nécessaires à alimenter un pareil torrent; car nous savons que les grands névés du Lauteraar et du Finsteraar ne sont pas même aussi exhaussés que les plus hautes traces de roches polies. Les plateaux plus élevés qui s'étendent derrière n'occupent, avec les plus hautes cimes, que des espaces relativement très-bornés. Or, pour peu qu'il y ait eu des courans pareils dans plusieurs directions, ce qui, dans cette hypothèse, est de toute rigueur, je n'entrevois pas, à

(*) Le Grimsel est à 5804 pieds au-dessus de la mer, d'après M. Hugi.

moins d'admettre des déluges partiels, la possibilité d'une accumulation d'eau suffisante pour donner lieu à d'aussi immenses torrens.

D'ailleurs les surfaces polies dont il est ici question portent tous les caractères des polis résultant de l'action des glaciers; elles sont uniformes et parfaitement lisses, tandis que les polis produits par l'eau sont inégaux et mats, ainsi que nous l'avons démontré plus haut. De plus, ces surfaces sont toujours mieux conservées dans les hautes vallées, où les glaciers ont agi plus long-temps que dans les vallées inférieures, tandis que si elles provenaient de courans, ce serait le contraire qui aurait lieu, comme l'a fort bien fait remarquer M. de Charpentier (*), attendu que les effets de ces derniers sont d'autant plus considérables que leur vitesse s'est accrue par un long cours sur une pente rapide.

Les lapiaz ou Karrenfelder peuvent devenir des témoins aussi irrécusables en faveur de l'ancienne extension des glaciers, que les surfaces polies et les anciennes moraines, du moment que l'on a saisi leur caractère particulier, et que l'on a appris à les distinguer des érosions produites par les torrens. On en rencontre de nombreuses traces le long de la Scheideck, entre Meiringen et Grindelwald; mais les plus remarquables que je connaisse dans l'enceinte des Alpes,

(*) Notice, etc., p. 9, dans les Annales des mines, Tom. 8.

sont situées dans la vallée d'Oberhasli, à un quart de lieue de Meiringen, sur le monticule qui porte le nom de Kirchet. Ce monticule est couvert de blocs erratiques, et ses parois abruptes sont polies de tous les côtés, de manière à en rendre l'ascension très-difficile. J'essayai cependant d'y monter, et en arrivant au sommet, je fus tout surpris de trouver sa surface, qui n'a guère plus de cent pieds de large, sillonnée d'une quantité de rigoles très-profondes. Il est impossible que sur une aussi petite surface les eaux atmosphériques aient jamais donné lieu au moindre petit filet d'eau. Le phénomène de pareils sillons, dans une localité semblable, suffirait par conséquent pour démontrer qu'un glacier a jadis recouvert ce monticule, et que ce sont ses cascades qui ont occasionné ces lapiaz, alors même que les parois du monticule ne seraient pas aussi polies qu'elles le sont, et que sa surface ne serait pas recouverte de blocs de granit gisant sur un fond calcaire.

Dans le voisinage des anciens lapiaz, on rencontre aussi parfois des *creux d'anciennes cascades* qui peuvent également contribuer à constater la présence de glaciers dans les lieux où on les observe, surtout lorsque leur position ne permet point d'admettre qu'ils sont dus à l'action de quelque torrent qui aurait cessé de couler. M. de Charpentier m'en a fait voir de semblables dans le voisinage de Bex. Il en existe également sur le Salève, où ils ont déjà été signalés par de Saussure (*). « On voit, dit-il, à la surface de ces rochers, des cavités arrondies de plusieurs pieds de diamètre et de deux ou trois pieds de profondeur. » Et il ajoute que « comme leurs ouvertures se trouvent placées sur la face verticale de rochers escarpés, on ne peut pas supposer qu'elles ont été formées par la chute des eaux de montagne. » Ne trouvant point d'explication plausible, l'illustre voyageur des Alpes se contente de dire qu'elles paraissent avoir été creusées par des filets du courant. qui se jetaient directement et avec impétuosité contre les parties les plus saillantes et les plus exposées. » Il est impossible de ne pas sentir tout ce qu'il y a d'invraisemblable dans cette explication; car, même en supposant que des filets d'eau fussent capables d'user et de faire disparaître, avec le temps, les aspérités du sol qui leur font obstacle, on ne conçoit pas pourquoi ils auraient creusé des excavations aux mêmes endroits. Ce sont évidemment des traces d'anciennes cascades.

Mais ces creux ne se rencontrent pas exclusivement sur les endroits en relief; on en trouve sur des surfaces planes, dans des dépressions, et même dans les lits des rivières et des torrens. On voit, entre autres, sous le premier pont de l'Aar, qui est au-dessus de la Handeck, une grande cuve, à-peu-près circulaire, de 5 à 6 pieds de diamètre, qui se trouve dans

(*) Voyages, Tom 1, p. 139, § 222.

une position telle, qu'on ne peut guère supposer qu'elle ait été creusée par le torrent qui y coule maintenant. Les puits des géants en Suède, qui de tout temps ont si fort préoccupé les physiciens, seraient-ils peut-être de semblables creux de cascades des anciens glaciers du Nord?

Malgré les nombreuses courses que j'ai faites en vue d'étudier sur la plus grande échelle possible les phénomènes que je viens de décrire, je ne puis cependant pas encore lier tous les faits que j'ai observés de manière à en former un réseau sans lacunes, embrassant tout le sol de la Suisse. La vie d'un homme ne suffirait point à un pareil travail; je me bornerai pour le moment à signaler encore quelques faits observés à des distances plus ou moins considérables de ceux que je viens de décrire, afin de faire du moins entrevoir la généralité du phénomène dont il s'agit dans les autres parties de la Suisse qui se rattachent à la chaîne des Alpes.

Le phénomène des blocs erratiques est connu partout dans l'intérieur des vallées alpines. Il a été décrit par MM. de Saussure (*) et A. DeLuc (**) pour les Alpes de Savoie; par MM. de Buch (***) et de Charpen-

(*) *De Saussure*, Voyages dans les Alpes.

(**) *A. De Luc*, Voyages géologiques, Mémoires de la Société de physique de Genève, vol. 5.

(***) *Léop. de Buch*, Mémoires de l'Académie de Berlin pour 1815. Leonhard Taschenbuch 1818, p. 458.

tier (*) pour les Alpes Valaisannes; par M. Studer (**) pour les Alpes bernoises; par M. Escher de la Linth (***) pour les Alpes orientales et par M. De La Bèche (****) pour les Alpes tessinoises. Les roches polies ont été reconnues par M. Studer dans le Val-Anzasca, dans le Val-Quarrazza et dans la vallée d'Aoste; M. Guyot les a signalées dans le Tessin et dans le canton de Glaris; enfin M. Studer a décrit les lapiaz de plusieurs points très-éloignés de la chaîne des Alpes. Des cartes représentant tous ces phénomènes dans leur liaison seraient du plus haut intérêt et contribueraient puissamment à rendre sensible ce que les descriptions ne dépeignent qu'imparfaitement.

La présence simultanée, dans la partie inférieure des vallées alpines, de tous les phénomènes qui accompagnent constamment les glaciers me paraît être la preuve la plus convaincante que l'on puisse exiger de la plus grande extension qu'on leur a attribuée. Cette simultanéité de faits dus à des causes différentes, dans le phénomène général des glaciers, prouve évidemment que ni les traînées de blocs que l'on a envisagées comme d'anciennes moraines, ni les blocs perchés, ni les roches polies et striées, ni les

(*) *J. de Charpentier*, Notice, etc., Annales des mines, tom. 8.

(**) *B. Studer*, dans Meissner's Naturwissenschaftlicher Anzeiger 1820.

(***) *Escher von der Linth*, Neue Alpina, vol. 1, p. 1.

(****) *H. De La Bèche*, Manuel géologique, traduct. française.

lapiaz, ni les creux de cascades ne sauraient être attribués à d'autres causes qu'au glacier ; car il n'y a que le glacier qui produise tous ces accidens à la fois. En effet, si l'on pouvait attribuer les roches polies et striées à des courans, on ne concevrait pas que les mêmes vallées présentassent aussi dans les mêmes localités des moraines, des blocs perchés, des lapiaz et des creux de cascades. Et quand on connaît l'influence immense que le glacier exerce sur son fond, en se mouvant, on ne saurait soutenir sérieusement l'idée qui a été émise, que les roches polies et le détritus du fond des glaciers datent d'une époque antérieure à la formation des glaces.

Si donc nous sommes parvenus à démontrer la présence des glaciers jusque dans la partie inférieure des vallées alpines, si même nous avons acquis la certitude qu'ils y remplissaient les vallées jusqu'à des niveaux très-considérables au-dessus de leur fond, nous aurons en même temps prouvé que tout le massif de nos Alpes a été couvert d'une immense mer de glace, d'où découlaient de grands émissaires descendant jusqu'au bord des basses contrées environnantes, c'est-à-dire jusque dans la grande plaine suisse et jusque dans la plaine du nord de l'Italie, de la même manière que les mers de glace de nos jours envoient leurs émissaires dans les vallées inférieures ; mais avec cette différence, qu'au lieu d'être circonscrites entre des pics isolés et dans les vallées les plus élevées, ces mers de glace d'autrefois liaient entre elles des chaînes de montagnes entières (*), et descendaient dans la plaine par les grandes vallées. C'est en effet ce que les moraines nous disent s'être passé. Les grandes vallées, telles que le Valais, avec ses moraines latérales s'étendant depuis Martigny jusqu'aux bords du lac Léman; le bassin des lacs de Brienz et de Thoune; celui des Quatre-Cantons; la vallée du Rhin dans son cours moyen, celle du lac de Côme et celle du lac Majeur (**) étaient les couloirs par lesquels débouchaient les plus grands glaciers, à une époque où tous les glaciers des vallées latérales du Valais se confondaient encore dans le fond de la grande vallée, où tous ceux de l'Oberland bernois atteignaient le bassin des lacs de Brienz et de Thoune; ceux des petits cantons, le bassin du lac dont le nom rappelle les liens naturels qui les unissent; ceux des Grisons, la vallée principale du Rhin; ceux de la Valteline, le bassin du lac de Côme; et enfin ceux du Tessin, le bassin du lac Majeur. Alors il n'a pu se former de moraines latérales que dans la partie inférieure des grandes vallées; car

(*) Les glaciers du Nord, généralement en forme de grandes nappes, plutôt que de coulées, paraissent, d'après les descriptions de M. Martins, avoir maintenant, à certains égards, l'apparence qu'avaient chez nous les glaciers lorsqu'ils s'étendaient sur tout le massif des Alpes.

(**) Pour suivre ces détails topographiques, je recommande à mes lecteurs la carte routière de la Suisse par H. Keller, qui est la seule passable que l'on possède maintenant.

tous les glaciers des autres vallées, débouchant dans les grandes vallées, devaient y former seulement des moraines médianes, qui, plus tard, se sont dispersées dans le fond des vallées lorsqu'elles ont été abandonnées par ces immenses glaciers. Je n'ai pas pu découvrir de moraines terminales correspondant à l'extension des glaciers à cette époque de leur retraite ; mais, à défaut de les connaître, je citerai plus loin quelques faits qui semblent nous indiquer la manière dont ils se terminaient, lorsqu'ils avaient encore une extension assez considérable pour déborder les flancs des Alpes. On ne rencontre des traces de moraines terminales que dans les vallées comprises dans l'intérieur des chaînes des Alpes ; ce qui tendrait à prouver qu'il ne s'en est formé que du moment où les glaciers, dans leur retraite, ont cessé d'occuper le fond des grandes vallées, et se sont retirés dans les vallées secondaires et dans la partie supérieure des vallées principales, c'est-à-dire à l'époque où le glacier du Rhône descendait jusqu'à Viesch, celui de Zermatt jusqu'à Stalden, celui de la vallée d'Hérens jusque près de Sion, où il a dû barrer pendant quelque temps le lit du Rhône ; celui de l'Aar jusque près de Meiringen, etc. Je me borne à citer ici celles des vallées que j'ai visitées, où les faits sont faciles à observer. Il ne me paraît pas douteux que des barrages n'aient souvent occasionné, dans les vallées inférieures, des débâcles très-considérables, semblables à celle de la vallée de Bagne. Je pense même que c'est à des débâcles de ce genre qu'il faut attribuer le phénomène du remplissage de la partie inférieure des vallées alpines par des décombres qui en égalisèrent le fond, tel qu'on l'observe dans la vallée du Rhône, de Sierre au lac de Genève, et dans la vallée de l'Aar, entre Meiringen et le lac de Brienz. Lorsque les glaciers se sont retirés dans des limites plus étroites encore, ils ont oscillé entre les flancs des vallées secondaires, et y ont formé cette quantité si considérable de moraines que l'on rencontre partout dans la partie inférieure des vallées qui aboutissent à celle de Chamounix, à celle du cours du Rhône, au-dessous de Martigny, à celle de la Kander et à celle de Conches, etc. Si je voulais donner la description de toutes celles que j'ai observées, je pourrais en remplir plusieurs feuilles. J'ai la conviction que dans peu d'années l'existence des anciennes moraines sera envisagée comme un fait tellement évident, que l'on s'étonnera qu'il ait jamais pu être révoqué en doute.

La vallée de Chamounix présente un phénomène bien remarquable, relatif au mouvement de ses glaciers, lorsqu'ils occupaient les limites que je viens de signaler : c'est qu'au lieu de déboucher complètement à l'ouest, dans la direction du cours de l'Arve, ceux de la partie supérieure de la vallée, c'est-à-dire le glacier des Bois, celui d'Argentière et celui de Tour se dirigeaient vers les Montets et Valorsine, avec les glaciers du Trient et Tenneverge, pour déboucher par les Finhaux et Salvent, dans la vallée du Rhône, au-dessus de Pissevache. La direction des moraines du glacier des Bois, du côté de Tines et en face d'Argentière, et celle des stries des roches polies de Salvent ne laissent aucun doute à cet égard. Quelque chose de semblable s'observe dans le voisinage du glacier du Rhône; je suis convaincu que lorsque sa surface s'élevait au dessus du passage du Grimsel, une partie de ses glaces descendait par ce passage dans l'Oberhasli. C'est du moins ce que semble indiquer la direction des stries sur le sommet du col. Enfin les glaciers se sont retirés dans les hautes régions, et n'ont plus envahi les vallées secondaires. Dès lors ils ont oscillé dans des limites qui n'ont jamais considérablement dépassé celles qu'ils occupent maintenant, et que la tradition et les documens historiques ont précisés d'une manière assez exacte pour un assez grand nombre de points.

La pensée se retrace aisément toutes les phases de cette série d'événemens physiques et en découvre sûrement la marche; mais il n'est pas aussi facile de fixer partout les limites de l'extension des glaces à chaque époque; car comme nous voyons de nos jours certains glaciers prendre, dans un même laps de temps, sous des influences tout-à-fait locales, une extension beaucoup plus considérable que d'autres, de même il a dû arriver, à des époques antérieures, que des glaciers peu éloignés avaient des limites très-différentes. L'on s'exposerait par conséquent à des erreurs inévitables si l'on voulait tenter dès à présent de fixer l'époque relative de la formation de toutes les moraines qui nous rappellent les différentes phases du développement et du retrait des anciens glaciers.

Mais si telle a été la marche du retrait des glaciers dans l'enceinte même des Alpes, il n'est pas aussi facile d'apprécier les limites de l'extension qu'ils ont eue ailleurs. Au sortir des vallées inférieures des Alpes, lorsqu'on entre dans les vallées ouvertes et dans les plaines inférieures, le phénomène change complétement de nature ; et si, comme j'en ai la conviction, les glaciers se sont étendus au-delà de l'issue des vallées alpines, il est évident que, dans les larges anfractuosités de la plaine, ils ont dû se comporter d'une autre manière que dans les étroites vallées des Alpes.

Lorsqu'on poursuit les nombreuses moraines des bords du lac Léman, depuis Bex et Monthey jusqu'à Vevey, Lausanne et la Côte, et sur la rive opposée du lac jusqu'à Thonon, on acquiert la conviction que le glacier qui remplissait le bassin du Léman s'étendait, à son extrémité, en forme d'éventail et se terminait à la côte de Bougi. Ce qui semble le prouver, c'est que le plateau de Gimel, loin d'être bordé par une moraine, est couvert de blocs épars, disposés comme ceux que l'on observe au-dessous des glaciers qui se terminent sur un fond plat.

CHAPITRE XVIII.

PREUVES DE L'EXISTENCE DE GRANDES NAPPES DE GLACE EN DEHORS DE L'ENCEINTE DES ALPES.

Nous avons vu, au chapitre précédent, qu'il existe des preuves incontestables de la présence d'anciens glaciers dans toutes les vallées alpines : nous avons même démontré qu'à l'époque de leur plus grande extension, les plus étendus débouchaient par les principales vallées de la Suisse, et atteignaient la plaine sur les deux versans des Alpes. Nous allons maintenant passer à une autre série de faits qui prouvent que les glaces ont eu, à une époque antérieure, une extension encore plus grande.

Mais avant de chercher à retracer leurs limites, examinons les phénomènes auxquels nous pourrons reconnaître les effets de leur présence. Nous allons voir qu'ici encore, indépendamment de quelques autres faits moins significatifs, les blocs dispersés d'une certaine manière à la surface du sol, et les roches polies, semblables à celles des vallées alpines, nous serviront surtout de guides.

En parlant des blocs perchés et des anciennes moraines, j'ai évité de les assimiler au phénomène des blocs erratiques, tel qu'on l'observe dans la plaine suisse et dans le Jura, bien qu'ils constituent ce que l'on a appelé les *blocs erratiques des vallées alpines*, par opposition à ceux de la grande plaine suisse et du Jura. Il y a en effet une distinction à faire entre eux : les blocs erratiques des vallées alpines, descendus des vallées supérieures, dans l'encaissement d'un lit plus ou moins étroit, sont alignés le long des flancs des vallées à des niveaux variables, et forment des traînées continues et parallèles, reposant sur tous les gradins ou autres accidens du sol qu'offrent les parois des vallées dans lesquelles on les observe (*). Ces traînées sont en outre disposées symétriquement sur les deux rives des vallées ; tandis que les blocs erratiques qu'on rencontre en dehors de l'enceinte des Alpes sont épars à différens niveaux, dans la grande plaine suisse, au pied du Jura et *à toutes les hauteurs* de son versant méridional, ainsi que dans les vallées intérieures de cette chaîne.

Lorsqu'on a décrit comme un même phénomène les blocs erratiques des Alpes et ceux du Jura, on n'a

(*) Si les blocs perchés nous paraissent maintenant isolés, c'est parce qu'ils ont été déposés sur des saillies de rochers surgissant du fond des glaciers.

ni assez fait ressortir les particularités de leur position dans les vallées alpines et en dehors de leur enceinte, ni assez insisté sur la différence constante qu'offrent les grands blocs auxquels seuls il convient de conserver le nom de blocs erratiques, et les petits blocs ou galets roulés qui forment habituellement des amas plus ou moins considérables sous les grands blocs.

Je n'entreprendrai pas de décrire ici la position des blocs erratiques que j'ai observés dans différentes parties de la Suisse; ce serait une tâche trop longue, et pour ainsi dire un hors-d'œuvre, depuis que ce phénomène a été l'objet des recherches et des publications nombreuses que j'ai citées au chapitre précédent, et auxquelles je renvoie pour les détails. En conséquence je me contenterai de rappeler ce qu'ils présentent de saillant dans leur arrangement, dans leur forme et dans leurs rapports avec le sol sur lequel ils reposent, en ajoutant à ces observations quelques faits qui n'ont pas encore été remarqués dans les limites de la Suisse. Je désire d'autant plus restreindre mes observations aux contrées que je connais plus particulièrement, que l'on trouve dans le manuel géologique de M. De La Bèche un résumé très-bien fait de tout ce qui a été publié sur ce sujet, et qu'il m'importe d'appuyer ma théorie sur des faits dont je puisse répondre.

M. L. de Buch est le premier qui nous ait fait connaître le phénomène des blocs erratiques de la

Suisse dans son ensemble (*); il a même cherché à le rattacher aux phénomènes analogues du nord de l'Europe. Tout en partageant l'opinion de Saussure relativement au mode de transport de ces blocs (qu'il croit avoir été charriés par de grands courans), il indique d'une manière très-détaillée et avec une rare connaissance des localités, le chemin qu'ils ont suivi pour arriver jusque sur les flancs du Jura. Tous les faits relatifs à cette question sont décrits par lui avec une grande précision; peut-être cependant appuie-t-il trop sur la position de la région moyenne des blocs dans le Jura. Quant à la manière dont il explique le transport des blocs, je la crois complétement erronée, et je démontrerai plus bas qu'elle est insuffisante pour rendre compte de tous les phénomènes.

Dans la plaine, l'arrangement des blocs n'offre en général rien de particulier; ils y sont dispersés irrégulièrement sur toute la surface du sol. Cependant M. de Buch a fait l'importante remarque que dans la plaine de Moudon les blocs de gneiss l'emportent sur le granit, et que sur les rives du lac de Neuchâtel les blocs de poudingues de Valorsine occupent le bas des pentes et ne s'élèvent pas sur les cimes, comme ceux de roches granitiques.

Il n'en est pas de même sur la pente méridionale

(*) *L. de Buch*, dans Leonhard Taschenbuch, für 1818. 2te Abth.

du Jura. Ici, les blocs sont répartis par zones, en face des débouchés des grandes vallées alpines. M. de Buch a même affirmé que ces zones présentaient une courbe régulière, dont le point culminant serait dans le plan de la plus grande impulsion qui a transporté les blocs là où ils se trouvent maintenant, et dont les côtés s'abaisseraient dans la direction de la chaîne à l'est et à l'ouest, à mesure que l'on s'éloigne de ce point. Mais cette prétendue disposition par *zones arquées* est loin d'être aussi générale et aussi constante qu'on l'a prétendu. Les plus grandes accumulations de blocs correspondent bien plutôt aux mouvemens du terrain sur lequel ils reposent. On sait que la pente méridionale du Jura présente une série de gradins plus ou moins prononcés, correspondant, pour la plupart, à des horizons géologiques, mais dont le niveau absolu n'est pas partout le même pour les mêmes horizons. Le premier de ces étages comprend les rives des lacs de Neuchâtel et de Bienne, au-dessus desquels la molasse forme quelques plateaux peu élevés; tels que la plaine de Bevaix, celle qui domine Grandson, celle au-dessus de Neuveville, et plusieurs autres. Les crêts néocomiens et le petit vallon de marne bleue qui est sous-jacent forment un second étage très-distinct; puis l'étage supérieur du portlandien, avec ses marnes, se détache, comme troisième niveau, des couches coralliennes inférieures, qui s'élèvent jusqu'aux sommets des chaînes et forment les pentes les plus raides. Or, l'on trouve des blocs sur chacun de ces gradins. Les plus élevés forment comme des couronnes autour des sommités du Jura, semblables aux couronnement du Kirchet et de la colline de Saint-Triphon (voy. p. 249) ; leur niveau est ordinairement de 3,000 à 3,200, et même 3,300 pieds et au-delà (*). Entre 3,000 et 2,400 pieds, les flancs du Jura en sont généralement dépourvus, sans doute à cause de leur forte inclinaison, excepté toutefois dans le large couloir de Provence, où ils descendent insensiblement jusqu'à un niveau de 2,300 pieds. En revanche on les trouve, en très-grand nombre, sur les différens gradins portlandiens, à des niveaux de 1,900, de 2,000, de 2,100, de 2,200, de 2,300 et 2,400 pieds; c'est même sur cet étage des pentes jurassiques qu'ils sont le plus nombreux, depuis le château de Neuveville, par Fontaine-André, Pierre-à-Bot, Trois-Rods, Châtillon, Frésens, Mutruz, etc., jusqu'à la coupure de la vallée de l'Orbe. Le fameux bloc de Pierre-à-Bot, d'un volume de 50,000 pieds cubes environ, se trouve sur cette lisière, à un niveau de 2,177 pieds. Sur la pente septentrionale de Chaumont, l'on trouve un grand bloc à une hauteur de 2,772 pieds; sur la pente septentrionale de la montagne de Boudry, il y en a un semblable, à 2,592 pieds. Ils sont également abondans sur les crêts néocomiens, à des hauteurs de

(*) Les plus hauts blocs de Chaumont sont à 3,282 pieds.

1,600, de 1,700 et même de 1,800 pieds. Mais autant ils frappent par leur fréquence sur les crêts de cet étage et sur leur pente extérieure jusqu'au niveau du lac, autant ils sont rares dans la petite vallée de marne qui longe la montagne entre ces crêts et les couches portlandiennes. Enfin l'on trouve des blocs, sur les plateaux de molasse, à la hauteur de 1,500 et de 1,600 pieds, et sur leur pente jusqu'aux bords du lac, dont le niveau est de 1,342 pieds (*). Cependant, dans cette région inférieure, les blocs sont devenus assez rares, parce qu'on les emploie à la construction des murs du vignoble et qu'on les détruit dans la campagne.

La forme des blocs erratiques du Jura mérite également notre attention. Généralement anguleux, sans traces d'usure ou de frottement, ils ressemblent parfaitement à ces grands blocs de granit qui se délitent dans nos Alpes, suivant les fissures de leur clivage en grand; leurs angles et leurs arêtes ne sont point émoussés, et si parfois on en rencontre de forme sphéroïdale, ils paraissent bien plutôt s'être désagrégés qu'usés à leurs angles et le long de leurs arêtes. En

(*) M. Guyot a bien voulu faire, à ma demande, un nivellement général des points les plus importans où l'on trouve les blocs erratiques. C'est à lui que je dois les nombreuses indications que je possède maintenant sur ce sujet et qui ne laissent plus aucun doute sur le mode de dispersion des blocs erratiques. Je me suis borné à signaler ici les points les plus importans et leurs niveaux.

somme, ils sont non seulement aussi grands, mais même plus grands que ceux que l'on rencontre maintenant dans les vallées alpines et dans la grande plaine suisse.

Il ne saurait y avoir de doute sur l'origine alpine des blocs erratiques du Jura. MM. de Buch, Escher de la Linth et Studer ont même démontré que ceux du Jura vaudois et neuchâtelois proviennent des Alpes valaisannes et du massif du Mont-Blanc; ceux du Jura bernois, de l'Oberland, et ceux de l'Argovie et de Zurich, des Petits-Cantons. On n'observe que rarement des mélanges de blocs dans ces différens districts, et lorsqu'il s'en trouve, par hasard, quelques traces, c'est toujours sur la limite de ces régions; d'où je conclus que le phénomène du transport des blocs s'est répété sporadiquement dans chacun des grands couloirs qui descendent des Alpes vers le Jura et vers la plaine du nord de l'Italie.

Le transport de ces blocs des Alpes au Jura a de tout temps vivement préoccupé les géologues; et comme il est évident que l'agent qui l'a affectué a dû être doué d'une puissance extraordinaire, que n'ont plus les agens de notre époque, on a été obligé de recourir aux hypothèses pour rendre compte d'un phénomène aussi extraordinaire. L'hypothèse de grands courans a pendant long-temps réuni la majorité des suffrages, et au premier abord elle paraît en effet la plus naturelle, parce qu'on a l'habitude d'envisager les courans comme les agens de transport les plus énergiques. Cependant nous verrons qu'elle est loin de rendre compte de tous les phénomènes des blocs erratiques; aussi les partisans de cette théorie ne s'accordent-ils nullement sur la nature de ces courans et sur les causes qu'ils leur assignent.

De Saussure (*), qui a émis le premier l'idée de grands courans, supposa que la plaine suisse formait un lac qui se serait écoulé par la rupture du Jura au Fort-de-l'Ecluse, et que le courant déterminé par cette catastrophe les aurait entraînés dans les localités où on les observe. M. de Buch a très-bien fait sentir ce qu'il y a d'invraisemblable dans la supposition d'un seul courant, puisque dans ce cas les blocs, au lieu de se déposer tout le long du Jura, à des niveaux très-différens se seraient au contraire accumulés dans la direction de Genève (**). Pour remédier à l'insuffisance de l'explication de Saussure, M. de Buch, se fondant sur la diversité pétrographique des blocs erratiques dans les diverses régions, admit autant de courans qu'il avait reconnu de régions distinctes. Il distingue en particulier le courant du Valais, celui du cours de l'Aar et celui de la Reuss et de la Limmath. Ces courans auraient reçu, à l'endroit d'où les blocs sont partis, une impulsion extraordi-

(*) Voyages dans les Alpes, Tom. I, Chap. VI.

(**) *L. de Buch*, l. c.

naire, capable de maintenir, à des niveaux respectifs, entre deux eaux, les blocs qu'ils entraînaient dans leur cours; il prétend expliquer ainsi la différence que l'on remarque entre les blocs de la plaine et des bords du lac de Neuchâtel et ceux des hautes sommités du Jura. Mais cette explication, comme on va le voir, suppose un concours de circonstances tellement extraordinaires, qu'elle ne peut exciter que de justes défiances. Il faudrait d'abord que l'impulsion qui a, dit-on, déterminé le courant que l'on postule, eût enlevé instantanément et simultanément des blocs à des niveaux très-différens (les granits qui se seraient détachés de la cime d'Orneix sont à 5,100 pieds plus haut que le niveau le plus élevé des poudingues de Valorsine): il faudrait de plus que cette impulsion eût été d'une puissance dont il est impossible de se faire une idée, pour maintenir ces blocs de différens horizons géologiques dans leur direction première et les empêcher de se confondre au milieu des obstacles de toute sorte que le courant a dû rencontrer dans son trajet. Ne sait-on pas qu'avec les canons les plus justes, nos artilleurs ne réussissent pas à imprimer, même à de très-courtes distances, une direction parfaitement parallèle à plusieurs boulets tirés simultanément? Et l'on voudrait que, par l'effet d'une impulsion, en tout cas bien moins précise, des blocs entraînés dans un milieu aussi mobile qu'un courant d'eau s'y fussent maintenus dans un parallélisme tel que la différence de niveau entre les blocs des différens horizons, qui, au point de départ (la chaîne du Mont-Blanc) était de 5,100 pieds, ne fût que de 2,000 pieds en arrivant sur les flancs du Jura, et cela après avoir franchi un espace de plus de 300,000 pieds? c'est-à-dire qu'il serait résulté de ce mouvement une convergence uniforme de 3,000 pieds sur un plan très-étendu; et tout cela pour expliquer la différence qu'on observe entre les blocs qui gisent au sommet de Chaumont et ceux des bords du lac de Neuchâtel! Mais en admettant même que cela fût possible, comment se fait-il que ces blocs ne se soient pas usés et arrondis pendant le trajet? car ils ont dû nécessairement s'entrechoquer et se heurter contre les parois des vallées qu'ils traversaient : comment ne s'est-il pas opéré de triage en rapport avec leur volume et leur poids? Il est vrai que l'on a dit que la rapidité de ces courans était telle qu'ils emportaient également les grands et les petits blocs, que les blocs n'avaient pas le temps de toucher le fond de l'eau, et encore moins de rouler, etc. Mais alors pourquoi ne se sont-ils pas pulvérisés en heurtant contre le Jura, et comment la résistance des milieux se trouve-t-elle ici tout-à-coup sans influence? Nous verrons plus bas que tous ces phénomènes s'expliquent bien plus naturellement par la supposition de grandes nappes de glace qui auraient recouvert le bassin suisse.

Mais il est d'autres faits qui sont en opposition avec

la théorie des courans : c'est, entre autres, la présence des blocs erratiques dans les vallées intérieures de la chaîne du Jura, qui ne s'ouvrent pas directement dans la grande vallée suisse. J'ai signalé ce fait à la société géologique de France, lors de mon passage à Paris, en 1835 ; mais mes observations, que l'on qualifia d'*opinion*, furent contestées dans le Bulletin (*), comme étant contraires à la théorie généralement reçue du transport des blocs erratiques ; car l'on prétend que les blocs erratiques n'*ont franchi les premiers chaînons du Jura que vers la frontière de la vallée du Rhône.* Cependant Jean-André DeLuc l'aîné avait déjà fait connaître leur position dans ses voyages (**). « Quand « on va, dit-il, de Môtiers-Travers à Fleurier, on ren- « contre autant de pierres primitives que si l'on était « dans une vallée des Hautes-Alpes. On est là cepen- « dant à cinq lieues de l'ouverture de la vallée, du « côté du lac ; et cette vallée, près de son ouverture, « est pour ainsi dire fermée par deux défilés, l'un ap- « pelé *la Clusette*, et l'autre les *Oeillons*. Au village « de Plancemont, situé à la tête d'une grande combe qui « se termine à la coupure au-dessus de Couvet, on « trouve sa pente couverte d'une quantité considérable « de blocs de granit. Au-dessus de Môtiers-Travers, au « midi, il y a une petite combe située au-dessous d'une

(*) Bulletin de la Société géologique de France, Tom. 7, p. 80.

(**) *J. A. De Luc*, Voyages géologiques dans quelques parties de la France, de la Suisse et de l'Allemagne. Londres, 1813, vol 1.

« ferme appelée *Pierrenoud*; de chaque côté de cette « combe on voit sur les pentes un grand nombre de « blocs de granit. »

M. DeLuc signale également les blocs erratiques que l'on rencontre sur le revers du Creux-du-Vent, dans le canton de Neuchâtel. La montagne forme ici une sorte de promontoire, sur lequel on voit, vis-à-vis de Noiraigue, à une certaine hauteur, l'un des phénomènes les plus frappans de blocs de granit; leur grandeur et leur abondance leur donnent l'apparence d'un de ces hameaux communs dans les montagnes : ils sont si rapprochés les uns des autres, qu'ils ne laissent entr'eux que des passages étroits gazonnés. L'un deux a au moins 25 pieds de long sur 10 à 15 pieds de largeur et de hauteur, sans compter la partie qui est enterrée; les autres mesurent de 10 à 15 pieds dans tous les sens.

Le Val-de-la-Sagne, situé au nord du Val-de-Travers et à l'ouest du Val-de-Ruz, est aussi cité par M. DeLuc, comme renfermant des blocs erratiques. « Au Crêt-de-la-Sagne on observe, dit-il, des masses de pierres primitives, et aux Ponts-Martel, au sud-ouest, on les voit en grande abondance. » Il trouva aussi des blocs de roches primitives près du Dazenet, entre la Chaux-de-Fonds et le Doubs, où les blocs de granit portent le nom de *grisons*. Ceux qui sont assez gros pour en faire des meules de moulin, se trouvaient sur la pente qui descend vers le Doubs. Il en observa jusqu'au delà de Pontarlier et d'Ornans. Enfin le Val-de-St.-Imier est, selon lui, un véritable magasin de pierres primitives; et cependant il est fermé du côté de la chaîne des Alpes. Les éminences même qui sont entre cette vallée et le cours du Doubs sont parsemées de blocs et de masses plus petites des mêmes pierres. Près de Pierre-Pertuis, le sol se compose en entier de fragmens de pierres primitives, mêlées de pierres calcaires. M. DeLuc remarqua un beau bloc de serpentine parmi ceux de granit.

Habitant ces contrées, que j'ai parcourues dans tous les sens, j'aurais pu citer un bien plus grand nombre d'exemples de blocs erratiques gisant dans les vallées intérieures du Jura, et décrire leur position dans une foule de localités très-remarquables, par exemple, à Pertuis, au nord du Val-de-Ruz, au fond du Creux-du-Vent, et au nord du Mont-Aubert; mais j'ai préféré rappeler simplement les faits déjà mentionnés par l'illustre géologue de Genève, afin de repousser plus sûrement les imputations d'inexactitude qui m'ont été adressées, et que j'ai rapportées plus haut. D'un autre côté, ces relations plus anciennes gagnent chaque jour en intérêt, puisqu'elles signalent de grands blocs en des endroits où l'on n'en trouve plus aujourd'hui; on sait en effet que l'emploi qu'on en fait pour différens usages et surtout pour la construction de murs, contribue chaque jour à les faire disparaître à mesure que les cultures s'augmentent.

La disposition des blocs par zones, que M. de Buch a si bien démontrée, est elle-même un argument irrésistible contre sa théorie des courans. En effet, des courans distincts et simultanés dans les vallées du Rhône, de l'Aar, de la Reuss et de la Limath, après s'être dirigés droit sur le Jura, auraient dû s'écouler soit à l'est, soit à l'ouest, et confondre au pied du Jura les blocs de tous les bassins en coulées longitudinales, au lieu de les déposer par zones distinctes le long de ses pentes. M. de Buch affirme, il est vrai, que les blocs de chaque coulée ont eu leur maximum de hauteur en face de la vallée d'où ils proviennent, et qu'ils s'abaissaient à distance des deux côtés de ce point; mais nous avons vu que l'observation ne confirme pas ce point de la théorie.

D'ailleurs, cette disposition arquée des zones de blocs serait démontrée, que la difficulté d'expliquer, à l'aide de courans, la position des blocs sur les crêtes les plus hardies, tandis que les vallons intermédiaires en sont dépourvus, n'en existerait pas moins. Ne sait-on pas en effet que même les courans d'une vitesse modérée, lorsqu'ils viennent se briser contre des rochers, déterminent des tournans et des remous d'une violence extrême, qui entraînent tout ce qui est mobile dans leur cours? Et l'on voudrait que des courans d'un volume et d'une vitesse suffisans pour transporter des masses comme les blocs erratiques, aient pu les déposer dans les positions qu'ils occupent maintenant, de manière que les remous auraient passé par dessus sans les déranger ? Ou bien, si c'est le remous lui-même qui les a déposés, pourquoi ne les a-t-il pas entraînés dans les régions inférieures, au lieu d'en couronner les crêtes ?

Enfin, le fait d'aussi grands courans que ceux que l'on nous dit avoir passé par dessus la Suisse, est en lui-même une enigme. Et si, à l'occasion des surfaces polies et des stries du centre des Alpes, que d'autres auteurs prétendent également avoir été occasionnées par l'eau, nous nous sommes crus autorisés à demander d'où provenait l'eau qui aurait exercé une aussi grande action sur les rochers, à bien plus forte raison sommes-nous en droit de demander où l'on place les réservoirs qui auraient pu alimenter des courans pendant un temps assez long, et leur imprimer une impulsion assez puissante pour transporter simultanément des blocs de toutes les crêtes des Alpes dans toutes les directions, et jusque sur le sommet du Jura.

Que l'on combine maintenant cette théorie avec le soulèvement des Alpes; que l'on substitue à des courans d'eau des courans de boue ou de limon formés à la manière des éboulemens de la Dent-du-Midi, de la chute et de la fonte des glaciers, ou de toute autre manière, toujours est-il qu'arrivés jusqu'au Jura, avec une vitesse quelconque, ces courans auraient dû s'écouler une fois, soit à l'est, soit à l'ouest : ils auraient par conséquent dû former des traînées longitudinales qui ne se retrouvent nulle part. Ou, si l'on suppose que la partie liquide seule s'est écoulée, comment a-t-elle pu le faire sans que nos lacs soient restés comblés? ou si, entassant supposition sur supposition, l'on admet que les parties menues seules se sont écoulées, et que les grands blocs sont restés en place, comment expliquer cette couche de fin sable et de petits cailloux qui forme encore sur tant de points la base sur laquelle les grands blocs anguleux reposent? et surtout, enfin, comment expliquer, dans la théorie des courans, la forme anguleuse des blocs erratiques, qui, comme nous l'avons vu plus haut, est un de leurs caractères les plus saillans?

M. Lyell (*), pour concilier les divers phénomènes que présentent les blocs, proposa une autre explication. Il suppose que le transport des blocs anguleux s'est effectué sur des radeaux de glace charriés par des courans d'eau, à-peu-près de la même manière que les glaces du Nord charrient les blocs qu'elles déposent sur les côtes septentrionales de l'Europe. M. Lyell cite plusieurs exemples de blocs transportés ainsi à de grandes distances, par des massifs de glace que le poids des blocs fait enfoncer aux trois quarts de leur volume. Cette explication, quoique très-ingénieuse, n'est cependant pas applicable aux blocs erratiques du

(*) *Charles Lyell*, *Esq*. Sur les preuves d'une élévation graduelle du sol, dans certaines parties de la Suède. Phil. Trans. 1835. — Voyez la traduction française par M. L. Coulon, dans les Mém. de la Société des sciences naturelles de Neuchâtel, Vol. 1.

Jura, et voici pourquoi. Les blocs erratiques du Jura ne gisent pas immédiatement sur le sol. Partout où les cailloux roulés, qui accompagnent d'ordinaire les grands blocs, n'ont pas été remaniés par des influences postérieures, on remarque qu'ils forment une couche de quelques pouces, et quelquefois même de plusieurs pieds, sur laquelle reposent les blocs anguleux. Ces cailloux sont très-arrondis, voire même polis et entassés de telle manière, que les plus gros sont à la surface, et les plus petits, qui passent souvent à un fin sable, au fond, immédiatement sur les roches polies. Or, le mode de transport de M. Lyell expliquerait bien pourquoi les blocs ne sont pas arrondis, attendu qu'ils auraient été protégés par la glace qui les revêtait ; mais il ne rend nullement compte de la présence de ces cailloux arrondis qui se trouvent dessous, non plus que de la formation des roches polies et des stries sur lesquelles cette couche repose.

Antérieurement à la théorie des courans, J. A. DeLuc l'aîné (*) avait proposé une autre explication du transport des blocs erratiques. Il leur assignait une origine très-différente, suivant leur position dans l'intérieur du Jura ou sur le revers extérieur de cette chaîne. Il supposait que ceux de l'extérieur avaient été lancés à travers les airs jusque sur le Jura, par

(*) *J. A. DeLuc*, Voyages géologiques, etc. Londres, 1813, in-8. Vol 1.

des éruptions survenues dans la chaîne des Alpes, tandis qu'il attribuait ceux qu'on trouve dans l'intérieur des chaînes à des éruptions de gaz, occasionnées par l'enfoncement des couches qui auraient formé les vallées. De Saussure a déjà fait remarquer tout ce que cette hypothèse a d'invraisemblable, et l'étude des phénomènes de soulèvement l'a rendue complètement inadmissible. « Les naturalistes savent bien, dit-il, que les granits ne se forment pas dans la terre comme des truffes, et ne croissent pas comme des sapins sur les roches calcaires » (*). De Saussure démontre également l'impossibilité d'une projection des blocs à travers les airs; « car, dit-il, des masses d'un poids aussi énorme, venant d'aussi loin que le centre des Alpes, et par conséquent par une trajectoire prodigieusement élevée, auraient fracassé les rochers et auraient formé des enfoncemens considérables; mais, au contraire, elles ne reposent que sur la surface du roc, et ne le touchent que par un petit nombre de points..... Leur chute au travers de l'air, ne fût-elle que de la hauteur de 8 à 10 pieds, aurait produit des excavations sur un roc calcaire qui n'est même pas des plus durs dans son genre» (**). A ces objections, M. L. de Buch en a

(*) Voyages dans les Alpes, Tom. 1, p. 136, § 219.

(**) Voyages dans les Alpes, Tom. 1, p. 142, § 227. — Il est ici question des calcaires du Salève qui appartiennent à l'étage jurassique supérieur. Le raisonnement de Saussure s'applique à bien

ajouté d'autres non moins concluantes, qu'il tire de la direction qu'ont suivie les blocs dans leur transport et des niveaux qu'ils occupent maintenant (*).

D'autres naturalistes, entre autres Dolomieu et Ebel, supposaient que les blocs erratiques avaient été transportés des Alpes jusqu'au Jura sur une pente inclinée, mais que des révolutions postérieures ayant enlevé le sol de ce plan incliné et creusé la grande vallée suisse, les blocs seraient restés en place dans les endroits où on les observe maintenant. Cette théorie se réfute d'elle-même par le fait que le transport des blocs erratiques est le dernier des grands phénomènes géologiques qui se sont passés à la surface du sol suisse; il est d'ailleurs démontrable que nos lacs existaient déjà lors de leur transport.

Ces considérations suffiront sans doute pour convaincre les plus obstinés de l'insuffisance des diverses théories que nous venons de passer en revue. J'espère surtout avoir démontré que l'hypothèse de grands courans n'est pas plus admissible que les autres, la supposition d'un transport aussi violent étant en désaccord avec les faits les plus évidens. Nous aurons maintenant à rechercher s'il n'y a pas, dans l'ensemble du phénomène des blocs erratiques, des détails qui

plus forte raison au Jura dont les sommités composées pour la plupart des mêmes terrains, sont encore beaucoup plus éloignées des Alpes.

(*) *L. de Buch*, dans Leonhard l. c. p. 463.

parlent en faveur d'un transport lent et paisible, analogue à celui qu'effectuent, de nos jours, les glaciers de nos Alpes.

Nous venons de voir (p. 284) que les blocs erratiques du Jura reposent généralement sur une couche de galets et de cailloux, intermédiaire entre eux et la surface du sol, qui est habituellement polie et striée; que ces cailloux sont très-arrondis et entassés de telle façon que les plus gros sont en haut, tandis que les plus petits, qui passent à un fin sable, occupent le fond et reposent immédiatement sur les surfaces polies. Cette disposition, qui est constante, s'oppose par conséquent à toute idée d'un charriage par des courans; car, dans ce dernier cas, l'ordre de superposition des cailloux arrondis serait inverse. D'un autre côté, si l'on se rappelle que les glaciers actuels montrent à leur base une couche tout-à-fait semblable, qui est intermédiaire entre la glace et le fond (la couche de boue ou de gravier, voy. p. 184); que cette couche est l'instrument qui sert encore de nos jours à polir et à strier les rochers sur lesquels repose le glacier, nous serons naturellement conduits à assigner une origine semblable à ces cailloux et à ce fin sable qui accompagnent les blocs erratiques, du moment que la présence des glaces nous sera démontrée par d'autres faits.

La présence d'un fin sable à la surface des roches polies nous prouve en outre qu'aucune cause puissante n'a agi, ou qu'aucune catastrophe importante n'a atteint la surface du Jura, depuis l'époque du transport des blocs erratiques, ou, en d'autres termes, que ces roches, qui furent polies lors du transport des blocs, n'ont pas été disloquées depuis. Mais comme ces roches polies se trouvent sur toute la rive septentrionale des lacs de Neuchâtel et de Bienne, nous en concluons que les lacs suisses existaient déjà à cette époque; de même que la continuité des moraines sur les deux rives du lac de Genève nous fournit la preuve que ce bassin aussi est antérieur au transport des blocs, puisqu'il a précédé la formation des moraines.

Indépendamment de cette couche de cailloux roulés et de sable intermédiaire entre les blocs erratiques et les roches polies, on remarque encore, sur plusieurs points de la pente du Jura, des dépôts *stratifiés* de ces mêmes débris, qui se rattachent sans doute aussi au grand phénomène du transport des blocs, mais qui doivent leur disposition actuelle à des accidens particuliers. Ces dépôts se composent de galets arrondis, d'un sable plus ou moins fin, et parfois même de limon: tous ces matériaux sont parfaitement identiques avec ceux de la couche de gravier qui se trouve sous les blocs; leur stratification est irrégulière, par lits diversement inclinés et s'enchevêtrant fréquemment les uns dans les autres; leur position varie autant que leur arrangement intérieur; cependant c'est le plus souvent au bord des gradins et dans les dépressions du sol qu'ils se trouvent. Le plus bel exemple d'un pareil dépôt se voit au-dessus de Neuchâtel, au Plan, à l'embranchement de l'ancienne et de la nouvelle route de la montagne. J'ai la conviction que ces dépôts se sont formés de la même manière que les moraines stratifiées (voy. p. 217), c'est-à-dire sous l'influence d'une flaque d'eau encaissée au bord de la glace.

Un autre phénomène plus important que ces dépôts stratifiés, c'est la présence de *roches polies dans le Jura*. Les habitans du Jura les appellent des *laves*, sans doute parce qu'ils attribuent leur apparence particulière à l'action des eaux. On les trouve sur tout le versant méridional du Jura, depuis le Fort-de-l'Ecluse jusqu'aux environs d'Aarau, accompagnant souvent les blocs erratiques. Ce sont des surfaces unies, complètement indépendantes de la stratification des couches et de la direction de la chaîne du Jura; elles s'étendent sur toute la surface du sol, suivant ses ondulations, passant également par dessus le terrain néocomien et le terrain jurassique, pénétrant dans les dépressions qui forment de petites vallées, et s'élevant sur les crêtes les plus isolées. Elles présentent un poli aussi uni que la surface d'un miroir, partout où la roche a été mise récemment à découvert, c'est-à-dire débarrassée de la terre, du gravier et du sable qui la recouvrent généralement. Ces surfaces sont tantôt planes, tantôt ondulées, souvent même traversées de sillons plus ou moins profonds et sinueux, ou de bosses longitudinales très-arrondies, mais qui ne sont jamais dirigées dans le sens de la plus grande pente de la montagne ; au contraire, de même que les gibbosités, ces sillons sont obliques et longitudinaux ; direction qui exclut toute idée d'un courant ou de l'action des agens atmosphériques comme cause de ces érosions. Un fait très-curieux, que l'on ne saurait non plus concilier avec l'action de l'eau, c'est que ces polis sont uniformes, alors même que la roche se compose de fragmens de différente dureté, comme, par exemple, les brèches du portlandien. Les fossiles qui se trouvent souvent à la surface de ces roches sont tranchés et uniformément polis (voy. Pl. 18, fig. 5), comme dans des plaques de marbre polies artificiellement.

On remarque, en outre, sur ces surfaces polies, lorsqu'elles sont très-bien conservées, les mêmes fines stries que nous avons signalées sous les glaciers actuels et sur les anciennes surfaces polies des Alpes. Ce sont de fines lignes droites, continues, semblables aux traits que pourrait produire une pointe de diamant sur du verre, et qui suivent en général la direction des sillons obliques, mais en se croisant souvent sous des angles aigus. C'est ainsi qu'on les observe souvent à la surface du néocomien, dans les environs de Neuchâtel, entre autres au Mail, et sur le portlandien, au Plan, au-dessus de la ville, à l'endroit où l'ancienne route joint la nouvelle. Les plus remarquables cependant se voient à quelque distance de Neuchâtel ; telles sont, par exemple, les grandes laves des Combettes, au-dessus du Landeron (voy. Pl. 17), celles qu'on remarque à la surface du portlandien, sur la lisière des vignes et de la forêt, dans les environs de Saint-Aubin, sous les murs de la Route-Neuve, et au-dessous de Concise.

Dans les dépressions du sol, comme au Plan, la direction des stries contraste avec celle des pentes régulières; au lieu de se rattacher à la marche générale de la glace, elles indiquent des mouvemens latéraux déterminés par le relief du sol. On les observe alors aussi bien sur les tranches latérales des couches que sur leur tête, et on les voit traverser toutes les inégalités, comme sur les roches moutonnées des Alpes.

Ces roches polies et striées ne sont pas seulement propres aux pentes du Jura, on les retrouve également à leur pied, au fond de la grande vallée suisse, partout où le sol est calcaire, par exemple, au pied de la colline de Chamblon, près d'Yverdon. J'insiste sur ce point, parce qu'il prouve que l'on ne saurait attribuer les stries des roches polies à l'action de glaces flottantes qui n'auraient eu aucune prise sur le fond des vallées. Je les ai de même retrouvées avec tous leurs traits caractéristiques dans les vallées intérieures du Jura, au nord-est de Bellegarde, dans la vallée de Chézery et dans la vallée du lac de Joux. En revanche, je ne les ai jamais rencontrées dans le fond des petites vallées longitudinales abritées par les abruptes des différentes ceintures de couches dont se composent nos chaînes, ni sur l'escarpement même de ceux de ces abruptes qui sont tournés vers la montagne ; tandis que j'en ai remarqué sur plusieurs abruptes tournés vers les Alpes, par exemple, le long de la nouvelle route entre Saint-Aubin et le château de Vaumarcus. Toutes ces roches polies présentent les mêmes caractères que celles des Alpes ; cependant la différence minéralogique des roches des deux chaînes, et celle, bien plus grande encore, des accidens orographiques, leur donne une apparence extérieure particulière. Les flancs du Jura suivant généralement la pente des couches, les surfaces polies planes y sont bien plus fréquentes que dans les Alpes ; les roches moutonnées, au contraire, ne s'observent dans le Jura que là où les têtes de couches ont subi l'action polissante des glaces sur de grandes étendues ; par exemple, près du tirage de Saint-Blaise. Dans les Alpes, c'est l'inverse : les roches moutonnées sont beaucoup plus fréquentes que les surfaces unies, et cela se conçoit ; des roches aussi accidentées que celles qui forment les parois des vallées alpines présentent rarement de grandes surfaces régulières, tandis que toutes les conditions nécessaires à la formation des dômes arrondis et entrecoupés de dépressions se trouvent fréquemment réunies.

Je ne pense pas que personne puisse confondre les surfaces polies des pentes du Jura avec les polis que présentent souvent les sales bandes des failles et les surfaces de stratification qui ont glissé les unes sur les autres. Cependant je vais indiquer brièvement les différences qu'elles présentent Les premières, pénétrant verticalement ou obliquement à travers plusieurs couches, ne sont visibles que là où l'un des côtés de la roche en rupture s'est enfoncé ; elles ne sont jamais à découvert sur de grandes surfaces comme les laves. Les secondes présentent quelquefois des surfaces assez étendues, lorsque les couches supérieures au glissement ont été enlevées ; mais alors les rainures ou les sillons produits par le glissement sont dans le sens de la plus grande pente, ce qui ne se voit nulle part à la surface des laves.

Les surfaces polies par l'action des eaux se reconnaissent également à des caractères particuliers que nous avons décrits plus haut, soit qu'elles aient été produites par des eaux courantes ou par des masses d'eau plus considérables contenues dans un bassin. Dans le premier cas, ce sont des sillons sinueux descendant toujours, tandis que les sillons et les gibbosités des laves montent et descendent, suivant les accidens de la roche polie. Dans le second cas, les eaux qui sont jetées sur les rivages par les vents, rentrant toujours en équilibre, forment des sillons inégaux plus ou moins profonds, qui suivent généralement la ligne de plus grande pente, à moins que des accidens locaux ne leur impriment une direction particulière. On peut étudier tous ces accidens divers dans les environs de Neuchâtel, en comparant les surfaces polies du Mail avec les érosions produites par le lac, dans le prolongement des mêmes couches au-dessous du cimetière, et avec les sinuosités qui ont été produites par le Seyon dans ses gorges. D'ailleurs les surfaces polies par l'action de l'eau ne sont jamais aussi lisses que les laves ou les surfaces polies par les glaciers; elles présentent en outre des creux et des arêtes saillantes, tandis que ces dernières sont bosselées et arrondies. Que l'eau charrie du sable et du limon, ou non, les effets sont les mêmes; seulement ils sont plus lents dans ce dernier cas.

N'ayant pas visité les côtes de la mer depuis que je m'occupe de ces questions, je n'ai pas encore eu l'occasion d'étudier les effets du flux et du reflux et des grands courans sur les roches de différente nature; mais je ne pense pas qu'ils puissent différer beaucoup de ce que l'on observe sur les bords de nos lacs. Je n'ai pas encore pu non plus examiner l'influence qu'exercent sur les rivages de grandes masses d'eau charriant des glaces; je doute cependant qu'elles agissent différemment des eaux ordinaires. Ce qui est certain, c'est que, dans les lits de nos rivières et sur les bords de nos lacs, ces effets se confondent. D'ailleurs, il est évident que les glaces flottantes ne sauraient avoir d'action au-dessous du niveau des eaux qui les charrient; par conséquent, si les surfaces polies étaient dues à des glaces flottantes, les sillons et les stries devraient être à des niveaux en harmonie avec des rivages aussi étendus que la chaîne du Jura, et ne point présenter cet aspect uniforme sur toute sa pente, et même à ses pieds.

Nous avons vu plus haut, en traitant de l'effet des glaciers sur leur fond, qu'il n'y a que l'action d'une masse de glace reposant immédiatement sur le sol et se mouvant à sa surface, qui puisse produire des effets semblables: or, comme l'aspect des roches polies des Alpes est le même que celui des laves du Jura, on est tout naturellement conduit à admettre que ces deux phénomènes ont été produits par des causes semblables. Si les sillons sont plus fréquens sur les roches polies du Jura que sur celles des Alpes, il faut l'attribuer aux nombreuses fissures plus ou moins rectilignes qui existent dans les couches de nos calcaires jurassiques, et qui sont remplacées par une sorte de clivage irrégulier, dans les roches granitiques et schisteuses de nos Alpes.

Les *lapiaz* sont encore un autre phénomène qui vient à l'appui des conclusions que nous avons tirées des faits précédens. J'ai fait remarquer, en parlant des lapiaz des Alpes, que les sillons auxquels on a donné ce nom, ne sont pas dus à l'action directe du glacier, mais à celle des eaux qui circulent sur son fond, et dont le cours est bridé par la position de la glace. Ceci nous explique, la présence d'érosions dans des positions souvent très-bizarres, où l'on ne devrait pas s'attendre à en rencontrer lorsqu'on ne considère que le relief du terrain. De semblables sillons s'observent dans une foule de localités du Jura, dans des positions telles, que l'on ne saurait admettre que les eaux s'y sont creusé des canaux, sans avoir été encaissées entre des parois dominant la position actuelle des sillons. A moins d'admettre que ces parois ont disparu depuis que ces sillons ont été creusés, ce qui est très-invraisemblable, l'on est bien obligé de chercher une autre explication. Or, rien n'est plus facile, du moment que les faits que nous avons déjà examinés démontrent l'existence de grandes nappes de glaces adossées au Jura. L'on est tout naturellement conduit à les attribuer aux filets d'eau circulant sous les glaces du Jura, et leur position dans des localités où les eaux ne pourraient pas s'écouler naturellement n'a plus rien d'extraordinaire.

Les lapiaz les plus remarquables du Jura sont ceux qui dominent Châtillon, au-dessus de Bevaix, ceux de la perte de Boujean, le long de la route de Bienne à Sonceboz, et ceux du sommet du Marchairu, dans le Jura vaudois, qui s'élèvent jusqu'à une hauteur absolue de 4,490 pieds. Dans les fentes de ces lapiaz, on trouve encore assez souvent des galets arrondis de roches alpines.

Les différences que l'on remarque entre les lapiaz du Jura et ceux des Alpes dépendent, comme celles des roches polies, de la configuration orographique des deux chaînes : dans le Jura, on les observe sur des surfaces étendues, tandis que, dans les Alpes, elles se voient généralement sur des roches plus ou moins accidentées.

Enfin l'on voit, dans plusieurs endroits du Jura, des espèces de couloirs, et même des entonnoirs plus ou moins profonds pénétrant verticalement dans la roche, et dont les parois sont unies et même creusées, comme les creux des cascades, et cela en des endroits qui ne sont point dominés par des rochers, et sur lesquels il ne pourrait par conséquent point tomber de cascades maintenant. J'ai observé des creux semblables au dessus de Bevaix et au dessus de Beaujean, et je ne doute pas qu'ils ne proviennent de cascades qui se précipitaient dans l'intérieur des glaces du Jura, de la même manière que cela a lieu dans les glaciers. On voit de ces couloirs et de ces entonnoirs à-peu-près partout où l'on observe des lapiaz, et la liaison de ces deux accidens du sol n'est pas l'indice le moins certain que c'est réellement à des cascades qu'il faut attribuer les érosions les plus profondes.

L'occurrence simultanée, dans le Jura, de phénomènes qui, dans les Alpes, se rattachent évidemment à la présence des glaciers, et que l'on ne rencontre nulle part ailleurs dans des corrélations semblables, nous conduit tout naturellement à cette conclusion : que les blocs erratiques, les surfaces polies et les lapiaz doivent leur origine à l'action de glaces qui, à une certaine époque, ont dû couvrir les flancs de nos chaînes jurassiques. Mais de quelle nature étaient ces glaces, quelle était leur étendue, et quelle origine peut-on leur assigner à raison de leur étendue? Voilà les questions qu'il nous reste encore à examiner.

C'est à MM. Venetz et de Charpentier qu'appartient le mérite d'avoir démontré la liaison intime qui existe, dans les Alpes, entre les glaciers et les anciennes moraines, qui en sont souvent fort éloignées. Partant du point de vue que les blocs erratiques du Jura sont des moraines, M. de Charpentier n'a vu dans la répartition de ces blocs que le résultat d'une extension extraordinaire des glaciers des Alpes, qui auraient poussé leurs moraines jusqu'au faîte du Jura; et pour mettre cette théorie en rapport avec les circonstances climatologiques de nos latitudes, il suppose que la chaîne des Alpes a eu autrefois une élévation bien plus considérable, qui lui permit d'entretenir des glaciers d'une pareille étendue; mais qu'à mesure qu'elle s'est affaissée, les glaciers se sont retirés dans les vallées supérieures qu'ils occupent aujourd'hui (*).

(*) Voici comment M. de Charpentier s'exprime lui-même à ce sujet: «Plusieurs considérations autorisent à croire que les Alpes furent soulevées à une hauteur plus grande que celle qu'elles ont maintenant. Toute leur masse, aussi bien que celle du Jura et de la Basse-Suisse, a dû subir un affaissement général, qui a duré aussi long-temps que les parties mal assises et disloquées n'eurent pas pris leur assiette et acquis la solidité et la stabilité qu'elles présentent maintenant.

Jusqu'ici rien ne prouve cette élévation extraordinaire des Alpes. Nous avons d'ailleurs vu, en traitant de la forme actuelle des glaciers, que leur longueur dépend moins de la hauteur des cimes auxquelles ils se rattachent, que de la disposition des mers de glace qui les alimentent. De plus, si les blocs erratiques étaient réellement des moraines poussées en avant par un immense glacier, ils devraient former des remparts comme les moraines terminales de nos jours, et si c'étaient des moraines latérales, ils devraient être alignés sur deux rangs, ce qui n'a pas lieu (*). Enfin, et ceci

« L'effet d'un soulèvement a une aussi grande élévation au-dessus de la mer a dû opérer un grand changement dans la température du climat de ces contrées. Le climat propre à produire des *chamærops* a dû devenir semblable à celui du nord; l'atmosphère se refroidissant, les Alpes ont dû se couvrir de neige qui, descendant sans cesse dans les vallées, y ont formé ces vastes glaciers, qui peu-à-peu ont envahi les plaines au pied des Alpes, et poussé leurs moraines jusqu'au faîte du Jura. Ces glaciers ont dû diminuer et se retirer à mesure que l'affaissement général, dont je viens de parler, a eu lieu, et, par ce fait même, les Alpes, la Basse-Suisse et le Jura ayant diminué d'élévation au-dessus de la mer, leur climat s'est peu-à-peu réchauffé, et a pris enfin la température qu'il présente maintenant.» — *J. de Charpentier* Notice, etc., p. 18. Annales des Mines. Tom. 8.

(*) Il existe cependant de véritables moraines dans le Jura, dont personne n'a encore parlé, et qu'il faut distinguer des blocs erratiques. Dans ces moraines, qui ne s'observent que sur les plus hautes sommités des chaînes jurassiques, les blocs sont usés comme ceux des moraines des Alpes, et il est évident qu'elles proviennent d'une époque où le Jura a eu ses glaciers propres. Les plus dis-

mérite surtout d'être pris en considération, les blocs, au lieu d'avoir conservé leurs arêtes et leurs angles tranchans, devraient être plus ébréchés et plus arrondis que ceux des moraines actuelles, à raison du long trajet qu'ils auraient eu à parcourir, et pendant lequel ils auraient dû s'écorner et s'user sur toutes leurs faces.

D'un autre côté, si les blocs erratiques qui gisent dans la plaine suisse, sur le flanc méridional du Jura et jusqu'à son sommet, étaient réellement des moraines dont on pût suivre la trace jusqu'au fond des hautes vallées des Alpes, comme le veut M. de Charpentier, il n'y aurait pas de raison de ne pas attribuer au même mode de transport les blocs qu'on rencontre dans les vallées intérieures du Jura, où on les observe en très-grand nombre et accompagnés des mêmes phénomènes (pag. 278 et 279), et l'on serait dès lors forcé d'admettre que les glaces ont rempli toutes les vallées dans lesquelles il y a des blocs et des surfaces polies, ce qui est tout-à-fait contraire à l'idée d'un grand glacier venant des Alpes et s'adossant contre le Jura.

Mais les phénomènes que M. de Charpentier reconnaît être le produit des glaces n'est nullement limité au Jura. Depuis que l'on a compris leur impor-

tinctes que j'ai observées se voient au pied de la Dent-de-Vaulion, du côté du lac de Joux, près de la jonction des routes de Vallorbe et de la Côte.

tance géologique, on les a observés en bien des endroits. Nous avons vu plus haut que M. Renoir a fait la découverte importante de roches polies présentant les mêmes caractères qu'en Suisse, et accompagnées de moraines, sur un grand nombre de points de la chaîne des Vosges. Sans avoir comparé lui-même ces phénomènes avec ceux des Alpes, M. le capitaine Le Blanc, lors de la réunion de la société géologique de France à Porrentruy, avait déjà indiqué l'analogie qu'il avait cru remarquer entre les blocs erratiques de Giromagny et les moraines. Enfin M. Hogard, qui a fait une étude détaillée des Vosges, vient de confirmer les observations de son compatriote, M. Renoir (*).

La présence de ces phénomènes dans la chaîne des Vosges est d'autant plus importante que l'on n'a jamais signalé ces montagnes comme le théâtre de puissans effets dus à des courans. Or, à moins d'admettre que les Vosges aussi ont été plus élevées à une certaine époque qu'elles ne le sont maintenant, on ne peut se dispenser de rapporter toutes ces traces des glaces à un seul grand phénomène qui s'est manifesté partout où l'on rencontre des blocs erratiques, des surfaces polies et striées, des lapiaz, etc. Les roches polies, en particulier, nous attestent sa présence dans

(*) *H. Hogard*, Observations sur les traces de glaciers qui, à une époque reculée, paraissent avoir recouvert la chaîne des Vosges, et sur les phénomènes géologiques qu'ils ont pu produire. Annales de la Soc. d'émulation des Vosges. Epinal 1840, Tom. 4.

une foule de localités, car elles sont très-répandues non seulement dans le Jura, les Alpes et les Vosges, mais encore dans tout le nord de l'Europe. M. le comte de Lasteyrie (*) passe pour être le premier qui les ait signalées dans la Scandinavie. M. Alexandre Brongniart (**) les y a également observées et décrites. Enfin M. Sefstroem (***) les a étudiées d'une manière toute particulière, en s'appliquant surtout à faire ressortir l'importance des stries qu'on remarque sur ces surfaces polies, leur continuité sur de grandes étendues et leur direction invariable dans des conditions semblables. Partant de l'idée, que tous les terrains meubles qui recouvrent la surface de nos continens ont été charriés par un grand courant dirigé du nord au sud, il suppose que l'eau en se mouvant avec une grande force, aurait usé, arrondi et poli la surface des rochers, et que les fins graviers entraînés par ce courant y auraient déterminé ces stries remarquables, qui, dit-il, sont souvent aussi fines et aussi nettes que si elles avaient été gravées par des diamans. Cependant M. Sefstrœm cite lui-même un fait remarquable qui prouve que ces stries ne peuvent pas

(*) Journal des Sciences usuelles, Vol. 5, p. 6.

(**) Annales des Sciences naturelles, Tom. 14, p. 17.

(***) Untersuchung über die auf den Felsen Scandinaviens in bestimmter Richtung vorkommenden Furchen und deren warcheinliche Entstehung, von Prof. N. G. Sefstrœm. Annales de Poggendorf, Tom. 43, p. 533.

avoir été produites par des courans. « On voit, dit-il, près de la grande cascade de la Dalelf, aux environs d'Avestad, ainsi que près de la soi-disant petite cascade, plusieurs rochers pourvus de stries d'une rare beauté. Ces stries forment, avec la direction de la rivière, un angle de 73 à 86 degrés ; la Dalelf coule par dessus ces stries depuis un grand nombre de siècles, entraînant dans son cours une masse de sable, de pierres et de gravier, qui tend nécessairement à les effacer. Néanmoins, cette action oblitérante est si peu sensible, que les stries sont encore d'une netteté parfaite. » (*) Je suis convaincu que la supposition de grands glaciers se rattachant aux glaces polaires et s'avançant du nord de la Scandinavie vers la pleine continentale, rendrait mieux compte de la formation et de la direction de ces stries que le grand courant universel de M. Sefstrœm ou tout autre courant quelconque. M. Elie de Beaumont m'a fait voir un très-beau fragment de ces roches polies que lui a adressé M. Berzelius, et qui se trouve mentionné dans les Instructions pour les géologues de l'expédition du Nord, rédigées par le savant académicien de Paris. Le poli et les stries de la surface de ce porphyre ne diffèrent en rien de ceux des roches polies de la Suisse.

En Angleterre, les roches polies ont été observées

(*) Sefstrœm l. c. p. 545.

dans différentes localités. Déjà Sir James Hall les avait signalées dans les environs d'Edimbourg. Plus tard MM. Sedgwick et Buckland les ont remarquées dans les comtés de Westmoreland et de Cumberland. M. de Verneuil, qui a visité plusieurs de ces localités, m'en a rapporté un fragment de calcaire magnésien, détaché de la surface du sol et qui présente exactement la même apparence que les roches polies du Landeron.

Il n'y a, je crois, qu'une manière de rendre compte de tous ces faits et de les lier avec l'ensemble des phénomènes géologiques connus, c'est d'admettre qu'à la fin de l'époque géologique qui a précédé le soulèvement des Alpes, la terre s'est couverte d'une immense nappe de glace dans laquelle les mammouth de Sibérie ont été ensevelis, et qui s'étendait au sud aussi loin que le phénomène des blocs erratiques, comblant toutes les inégalités de la surface de l'Europe antérieures au soulèvement des Alpes, remplissant la mer Baltique, tous les lacs du nord de l'Allemagne et de la Suisse, s'étendant au-delà des rives de la Méditerranée et de l'Océan atlantique, et recouvrant même toute l'Amérique septentrionale et la Russie asiatique ; que lors du soulèvement des Alpes, cette formation de glace a été soulevée comme les autres roches ; que les débris détachés de toutes les fentes du soulèvement sont tombés à sa surface, et que sans s'arrondir, (puisqu'ils n'éprouvaient aucun frottement) ils se sont mus sur la pente de cette nappe de glace, de la même manière que des blocs de rocher tombés sur des glaciers sont poussés sur ses bords par suite des mouvemens continuels qu'éprouve la glace en se ramollissant et en se congelant alternativement aux différentes heures du jour et dans les différentes saisons.

Cette masse de glace se mouvant continuellement sur le sol, dans le sens de sa pente, a dû broyer et arrondir tout ce qui y était mobile, réduire les plus petits fragmens en un fin sable et polir la surface des rochers, en même temps que par l'effet du poids de la glace, les grains de gravier qui se trouvaient mêlés à ce sable y déterminaient les fines stries qui se trouvent gravées sur les roches polies. Ces lignes n'existeraient pas, si ce sable avait été mu par un courant d'eau ; car ni nos torrens, ni l'eau fortement agitée de nos lacs, ne produisent rien de semblable sur le prolongement de ces mêmes roches, alors même qu'ils charrient du sable. Enfin les lapiaz et les creux de cascade sont dus à l'eau qui circulait sous ces glaces ou qui s'engouffrait dans leur masse par des crevasses ou par des entonnoirs.

A la suite du soulèvement des Alpes, la terre a dû se réchauffer de nouveau ; la glace, en se fondant, a déterminé de grands entonnoirs dans les endroits où elle était le plus mince ; des vallées d'érosion ont été creusées au fond de ces crevasses, dans des localités où aucun courant ne pouvait exister sans être encaissé dans des parois de glace; et quand la glace eut complètement disparu, les grands blocs anguleux se sont trouvés sur un lit de cailloux arrondis, dont les plus petits, qui passent même souvent à un fin sable, forment la base.

Il me semble que cette explication met en rapport tous les faits que nous avons étudiés précédemment, et qu'elle les lie de la manière la plus naturelle en les faisant tous dépendre d'une même cause, que nous voyons encore de nos jours produire des effets parfaitement semblables. Mais voyons si les conditions dans lesquelles je suppose que cette cause aurait agi, peuvent se justifier par des faits concomitans, empruntés à d'autres domaines de la science.

Une des vérités les mieux établies par la géologie moderne, c'est que le soulèvement des Alpes orientales est le plus récent de tous les cataclysmes qui ont modifié le relief de l'Europe (*). La formation géologique la plus récente qui a été disloquée par cette catastrophe, c'est ce terrain caillouteux, connu sous le nom de *diluvium*, ou de terrain diluvien, qui est répandu par lambeaux sur toute la surface de l'Europe et du nord de l'Asie et de l'Amérique, et dans lequel on trouve une si grande quantité d'ossemens de grands mammifères appartenant à des genres qui sont tous

(*) *Elie de Beaumont*, Sur quelques-unes des révolutions de la surface du globe. Paris, 1830. in-8. p. 177.

encore représentés dans la création actuelle et dont les espèces diluviennes sont même très-semblables aux espèces vivantes. C'est ce même terrain qui, entièrement congelé dans les régions arctiques, renferme ces débris si célèbres de grands mammifères que l'on trouve quelquefois encore garnis de leurs chairs, entourés de leur peau et couverts de leurs poils. Dans ses recherches sur les ossemens fossiles, Cuvier énumère un grand nombre de localités du nord de l'Europe, de l'Asie et de l'Amérique, dans lesquelles ce terrain contient des ossemens fossiles en très-grande abondance. Il résulte des renseignemens fournis par Pallas, qu'il n'y a presque aucun canton de Sibérie qui n'ait des os d'éléphans. Mais de tous les lieux du monde, ceux où il y en a le plus sont, suivant Cuvier, certaines îles de la mer glaciale, au nord de la Sibérie, vis-à-vis le rivage qui sépare l'embouchure de la Léna de celle de l'Indigirska. La plus voisine du continent a trente-six lieues de long. « Toute l'île, dit le rédacteur du voyage de Billings, à l'exception de deux ou trois ou quatre petites montagnes de rochers, est un mélange de sable et de glace; aussi lorsque le dégel fait ébouler une partie du rivage, on y trouve en abondance des os de mammouth (*). » Dans le voyage de Sarytschew, au nord-est de la Sibérie, il est fait mention, suivant Cuvier, d'un éléphant fos-

(*) *Cuvier*, Ossemens fossiles, Tom. 1, p. 151.

sile trouvé sur les bords de l'Alaseia, rivière qui se jette dans la mer glaciale au-delà de l'Indigirska. Il avait été dégagé par le fleuve, se trouvait dans une position droite, était presque entier, et couvert de sa peau, à laquelle tenaient encore de longs poils en certaines places. Enfin, je citerai encore le fameux éléphant trouvé par M. Adams dans les glaces des bords de la Léna, et dont la conservation était telle, que les chiens furent nourris de sa chair (*).

(*) L'histoire de la découverte de cet intéressant animal est reproduite dans une foule d'ouvrages géologiques. Cependant, comme elle nous intéresse d'une manière toute particulière, je crois devoir en extraire ici quelques détails que j'emprunte à Cuvier.

« En 1799, un pêcheur Tongouse remarqua sur les bords de la mer glaciale, près de l'embouchure de la Léna, au milieu des glaçons, un bloc informe qu'il ne pnt reconnaître. L'année d'après il s'aperçut que cette masse était un peu plus dégagée ; mais il ne devinait point ce que ce pouvait être. Vers la fin de l'été suivant, le flanc tout entier de l'animal et une des défenses étaient distinctement sortis des glaçons. Ce ne fut que la cinquième année que, les glaces ayant fondu plus vite que de coutume, cette masse énorme vint échouer à la côte sur un banc de sable. Au mois de mars 1804, le pêcheur enleva les défenses, dont il se défit pour une valeur de 50 roubles. On exécuta, à cette occasion, un dessin grossier de l'animal, dont j'ai une copie, que je dois à l'amitié de M. Blumenbach. Ce ne fut que deux ans après, et la septième année de la découverte, que M. Adams, adjoint de l'académie de Pétersbourg, et aujourd'hui professeur à Moscou, qui voyageait avec le comte Golovkin, envoyé par la Russie en ambassade à la Chine, ayant été informé, à Jakutsk, de cette découverte, se rendit sur les lieux. Il y trouva l'animal déjà fort mutilé. Les Jakoustes du voisinage en avaient dépecé les chairs pour nourrir leurs chiens.

Le capitaine Kotzebue décrit des faits semblables qu'il a observés sur les bords de la baie d'Eschscholtz (*). Voici ce qu'il dit à ce sujet : « Nous vîmes ici, sous une nappe de gravier et de mousse, des masses d'une glace parfaitement pure, de 100 pieds de haut, qui paraissent être les témoins d'une révolution terrible. Les endroits éboulés qui se trouvent exposés à l'action

Des bêtes féroces en avaient aussi mangé ; cependant le squelette se trouvait encore entier, à l'exception d'un pied de devant. L'épine du dos, une omoplate, le bassin et les restes des trois extrémités étaient encore réunis par les ligamens et par une portion de la peau. L'omoplate manquante se retrouva à quelque distance. La tête était couverte d'une peau sèche. Une des oreilles, bien conservée, était garnie d'une touffe de crins : on distinguait encore la prunelle de l'œil. Le cerveau se trouvait dans le crâne, mais desséché ; la lèvre inférieure avait été rongée, et la lèvre supérieure, détruite, laissait voir les mâchoires. Le cou était garni d'une longue crinière. La peau était couverte de crins noirs et d'un poil ou laine rougeâtre ; ce qui en restait était si lourd, que dix personnes eurent beaucoup de peine à la transporter. On retira, selon M. Adams, plus de trente livres pesant de poils et de crins, que les ours blancs avaient enfoncés dans le sol humide, en dévorant les chairs. L'animal était mâle ; ses défenses étaient longues de plus de neuf pieds en suivant les courbures, et sa tête sans les défenses pesait plus de quatre cents livres. M. Adams mit le plus grand soin à recueillir ce qui restait de cet échantillon unique d'une ancienne création ; il racheta ensuite les défenses à Jakutsk. L'empereur de Russie, qui a acquis de lui ce précieux monument, moyennant la somme de huit mille roubles, l'a fait déposer à l'Académie de Pétersbourg. — *Cuvier*, Recherches sur les ossemens fossiles. Tom. 1, p. 146.

(*) Entdeckungsreise in der Sudsee und nach der Behrings-strasse, von *Otto v. Kotzebue.* Weimar, 1821.

du soleil et de l'air se fondent, et il s'en échappe beaucoup d'eau qui coule dans la mer.

« Ce qui prouve que c'était bien de la glace primitive que nous avions sous les yeux, c'est la quantité d'os et de dents de mammouth qui y sont renfermés et que la fonte met à découvert. J'y trouvai moi-même une très-belle dent ; mais nous ne pûmes trouver la cause de l'odeur très-forte, semblable à celle de la corne brûlée, qui était répandue autour de nous (*). La couche superficielle de ces montagnes de glace, composée d'un mélange d'argile, de sable et de terre, n'a qu'un demi-pied d'épaisseur ; mais elle est recouverte jusqu'à une certaine hauteur d'une magnifique verdure. »

Buckland, dans l'appendice au voyage du capitaine Beechey (**), rapporte des faits qui confirment pleinement ceux des observateurs que j'ai déjà cités. Les officiers de l'expédition remarquèrent cependant que le gîte des ossemens de la baie d'Eschscholtz était plutôt un terrain graveleux congelé qu'une glace pure. Voici maintenant les conclusions que Cuvier tire de ces faits (***).

« Tout rend donc extrêmement probable que les « éléphans qui ont fourni les os fossiles, habitaient et

(*) C'étaient sans doute des matières animales décomposées.

(**) On the occurrence of the Remains of Elephants and other quadrupeds, in the clifts of frozen mud, in Eschsholtz Bay, etc. by the Rev. Buckland, in-4.

(***) Recherches sur les ossemens fossiles. Tom. 1, p. 202 (de la 2e édition.)

« vivaient dans les pays où l'on trouve aujourd'hui
« leurs ossemens.

« Ils n'ont pu y disparaître que par une révolution
« qui a fait périr tous les individus existans alors, ou
« par un changement de climat qui les a empêchés de
« s'y propager.

« Mais quelle qu'ait été cette cause, elle a dû être
« subite.

« Les os et l'ivoire, si parfaitement conservés dans
« les plaines de la Sibérie, ne le sont que par le froid
« qui les y congèle, ou qui en général arrête l'action
« des élémens sur eux. Si ce froid n'était arrivé que
« par degrés et avec lenteur, ces ossemens, et à plus
« forte raison les parties molles dont ils sont encore
« quelquefois enveloppés, auraient eu le temps de se
« décomposer comme ceux que l'on trouve dans les
« pays chauds et tempérés.

« Il aurait été surtout bien impossible qu'un cadavre
« tout entier, tel que celui que M. Adams a découvert,
« eût conservé ses chairs et sa peau sans corruption,
« s'il n'avait été enveloppé immédiatement par les
« glaces qui nous l'ont conservé.

« Ainsi toutes les hypothèses d'un refroidissement
« graduel de la terre, ou d'une variation lente, soit
« dans l'inclinaison, soit dans la position de l'axe du
« globe, tombent d'elles-mêmes. » — Ces conclusions
sont parfaitement d'accord avec les résultats auxquels
l'étude des glaciers m'a conduit.

En général, l'examen des terrains d'attérissement se lie intimement à la question des glaciers, en Suisse du moins. Ce sont ces terrains qui contiennent les débris de cette création tropicale que nous savons avoir précédé la nôtre. La molasse et ses équivalens leur servent de base. Ils sont de nature très-différente, mais ils ont un caractère commun ; c'est que leur stratification est très-irrégulière, et qu'ils paraissent généralement remaniés. Ils se composent de cailloux roulés et arrondis, contenant des os de grands mammifères qui sont rarement arrondis. On rencontre ces dépôts par lambeaux dans les dépressions du sol, sur toute la surface de l'Europe, mais surtout dans les vallées qui paraissent dues à des érosions, telles que les vallées du Rhin et de la Durance, le val d'Arno, la vallée du Pô, etc. Ils se retrouvent également dans le nord de l'Europe et de l'Amérique, et en Angleterre. Déposés avant le soulèvement des Alpes et remaniés depuis, leur aspect actuel est sans doute dû à l'action que les glaciers ont exercée dans les vallées qui les renferment, soit par leur mouvement, soit par l'effet de leur fonte, lors des débâcles. Il ne faut pas les confondre avec la couche inférieure et triturée sur laquelle reposent les blocs erratiques, quoique les terrains diluviens aient souvent fourni les matériaux de cette dernière (*).

(*) Quant à la formation des cailloux roulés qui constituent les terrains soi-disant diluviens à fossiles, on pourrait être tenté de

Du moment qu'il peut être démontré par l'étude comparative des fossiles et par la connaissance que nous avons des conditions dans lesquelles on rencontre les animaux ensevelis dans les glaces du Nord, que le terrain soi-disant diluvien du Nord est non seulement contemporain, mais même identique avec les dépôts à ossemens de l'*elephas primigenius* du centre de l'Europe, et du moment qu'il ne reste plus de doute que la catastrophe qui les a frappés a été subite et accompagnée d'un changement brusque dans la température, il me paraît évident que les animaux dont les ossemens fossiles sont enfouis dans nos terrains diluviens, ont péri par la même cause, c'est-à-dire par le froid, et qu'ils ont par conséquent aussi pu être ensevelis dans les glaces. Or, comme il est démontré que les glaces mammouthiques sont antérieures au soulèvement des Alpes (*), puisque les terrains à ossemens de l'*elephas primigenius*, qui sont contemporains des glaces que Kotzebue a appelées primitives, ont été disloqués lors du soulèvement des Alpes, j'en conclus qu'il y avait alors une nappe de glace sur le sol européen, qui a empêché la dispersion com-

l'attribuer à l'existence d'une époque de glace antérieure à celle de la chaîne principale des Alpes, en rapport peut-être avec le soulèvement du Mont-Blanc qui est antérieur.

(*) Les observations de M. Elie de Beaumont ont démontré que les terrains à ossemens d'éléphants des environs de Lyon, qui sont contemporains de ceux du nord de l'Europe, ont été soulevés par les Alpes.

plète des terrains d'attérissement, le remplissage des lacs et de toutes les inégalités existant alors ou formées par le soulèvement des Alpes. Cette nappe de glace a dû s'étendre aussi loin que les blocs erratiques. La nature et l'origine de ces blocs deviennent même une nouvelle preuve de ce fait si long-temps ignoré, et maintenant si bien prouvé, savoir, que les Alpes sont les plus jeunes des montagnes de l'Europe, puisque ces blocs provenant des fractures qu'elles ont éprouvées, se trouvent toujours gisant par dessus les terrains d'attérissement et jamais au dessous.

L'apparition de ces grandes nappes de glace a dû entraîner à sa suite l'anéantissement de toute vie organique à la surface de la terre. Le sol de l'Europe, orné naguère d'une végétation tropicale et habité par des troupes de grands éléphans, d'énormes hyppopotames et de gigantesques carnassiers, s'est trouvé enseveli subitement sous un vaste manteau de glace recouvrant indifféremment les plaines, les lacs, les mers et les plateaux. Au mouvement d'une puissante création succéda le silence de la mort. Les sources tarirent, les fleuves cessèrent de couler, et les rayons du soleil, en se levant sur cette plage glacée (si toutefois ils arrivaient jusqu'à elle), n'y étaient salués que par les sifflemens des vents du Nord et par le tonnerre des crevasses qui s'ouvraient à la surface de ce vaste océan de glace.

Mais cet état de chose eut sa fin, une réaction s'opéra : les masses fluides de l'intérieur de la terre bouillonnèrent encore une fois avec une grande intensité ; leur action se fit sentir dans la direction de la chaîne principale des Alpes, dont les roches furent altérées de diverses manières et soulevées jusqu'à leur hauteur actuelle, avec la croûte de glace qui les recouvrait : celle-ci fut elle-même disloquée comme une formation rocheuse ordinaire. D'énormes débris de rochers se détachèrent alors simultanément des crêtes qui dominaient la nappe de glace, comme, par exemple, du Mont-Blanc, dont le soulèvement est antérieur à celui des Alpes occidentales, et des brisures que l'apparition de la chaîne principale des Alpes venait d'occasionner à l'extrémité du massif du Mont-Blanc et dans toute la partie centrale et orientale de la chaîne. Une fois gisant à la surface du massif de glace qui remplissait l'espace compris entre les Alpes et le Jura, ces débris s'y sont mus comme à la surface d'un grand glacier.

Cependant l'apparition de la chaîne des Alpes avait modifié subitement les conditions climatologiques de la Suisse, la température s'était relevée et l'alternance des saisons, en se faisant de nouveau sentir, dut y déterminer des oscillations continuelles de chaud et de froid qui ont nécessairement imprimé aux glaces d'alors des oscillations semblables à celles qu'éprouvent de nos jours les glaciers. La surface de la grande nappe de glace de la Suisse a d'abord dû prendre une pente conforme à l'inclinaison générale du sol des Alpes au Jura : si c'était du névé, il a dû se transformer en glace par les effets alternatifs du gel et du dégel : plus tard son niveau s'est abaissé graduellement ; puis commença cette longue série de phénomènes de retrait, analogues à ceux que présentent de nos jours certains glaciers : les blocs charriés à la surface de la glace se déposèrent le long du Jura à des niveaux de plus en plus bas, jusqu'à ce que le sol fût à découvert ; alors les êtres organisés commencèrent à reparaître en rapport avec les circonstances locales propres à leur développement.

Aussi long-temps que la grande nappe de glace qui recouvrait l'Europe est restée stationnaire, elle a dû se couvrir de neiges, comme de nos jours les mers de glace qui alimentent nos glaciers ; mais en se retirant dans des limites plus étroites, cette même nappe de glace a déterminé des centres de mouvement en rapport avec les accidens orographiques les plus élevés. C'est ainsi que les Alpes suisses sont devenues le centre du phénomène du transport des blocs erratiques qui sont répandus dans la grande plaine suisse, sur le Jura et dans le nord de l'Italie. L'aspect de la Suisse à l'époque des brouillards d'automne, lorsque les Alpes et les plus hautes sommités du Jura surgissent seules au-dessus des nuages, me semble fait pour donner une idée approximative de son état au commencement du retrait des glaces, lorsque celles-ci n'atteignaient plus que le niveau du premier gradin au-dessous des hautes sommités de la chaîne antérieure du Jura.

Les moraines proprement dites ne commencèrent à se déposer que du moment que les glaces se furent retirées dans les vallées. La forme et la succession de ces moraines nous prouvent que ce retrait des glaces, loin d'avoir été instantané, s'est, au contraire, opéré d'une manière lente et graduelle; d'où je conclus que l'époque de la plus grande extension des glaces a dû durer assez long-temps.

Le retrait des glaces dans des limites de plus en plus restreintes, a même occasionné des centres de mouvement dans des chaînes où il n'y plus de glaciers de nos jours : c'est ce que démontrent les observations de MM. Renoir et Hogard sur les roches polies et les moraines des Vosges, et celles que j'ai déjà rapportées concernant la Dent de Vaulion, qui a eu un glacier cerné de blocs complètement jurassiques, sans doute à une époque où les glaces alpines n'atteignaient plus les hautes pentes du Jura.

Les blocs erratiques, qui diffèrent si fort des moraines, dans leur disposition générale, ne sauraient donc en aucune manière être confondus avec ces dernières; puisqu'ils s'étaient déposés avant la formation des moraines, c'est-à-dire lorsque les glaces occupaient encore toute la plaine suisse.

D'un autre côté, lorsqu'on considère que tous nos

blocs erratiques sont autant d'esquilles détachées du massif des Alpes lors de leur soulèvement, et que par conséquent ils n'ont pu être transportés dans les lieux qu'ils occupent que postérieurement à ce soulèvement, l'on est tout naturellement conduit à se demander comment il se fait qu'ils n'aient pas comblé nos lacs. Il n'y a que deux cas possibles : ou les lacs se sont trouvés abrités d'une manière quelconque contre l'invasion des blocs, ou bien ils n'existaient pas lorsque le transport a eu lieu. Mais nous avons déjà vu plus haut que cette dernière supposition est en contradiction avec les faits, puisque l'on observe sur leurs deux rives des moraines disposées comme autour d'un glacier qui subit des oscillations. Je crois en conséquence que nos lacs sont dus au soulèvement des Alpes, ou du moins aux dislocations produites par ce cataclysme.

Le nord de l'Europe est le centre d'une autre région de blocs, qui sont répandus en Angleterre, en Allemagne, en Pologne et en Russie, et sur lesquels M. Pusch (*) a publié des aperçus généraux très-intéressans. Les roches polies qui les accompagnent ont été décrites par M. Sefstrœm.

Le nord de l'Amérique, avec ses blocs erratiques et ses roches polies (**) présente une répétition du même phénomène dans cette partie du monde.

(*) Geognostische Beschreibung von Polen, 2e partie, p. 570.

(**) On the polished limestone of Rochester, by Prof. *Chester Dewey*. Amer. Journ. Tom. 37, p. 241.

On ne manquera pas de faire de nombreuses objections à cette théorie. Je vais chercher à y répondre à l'avance en réfutant celles qui me sont parvenues indirectement. La pente des Alpes au Jura est trop faible, dit-on, pour permettre à une masse de glace d'y progresser comme un glacier. Sans demander si cette pente serait peut-être plus forte lorsqu'il s'agirait d'y faire couler des flots d'eau capables de transporter les blocs erratiques, je citerai comme exemple de la faible inclinaison d'un grand glacier, celui de l'Aar inférieur qui, sur une longueur de cinq lieues, s'abaisse à peine de 3000 pieds, depuis le commencement de la transformation des névés en glace (à 8000 pieds), jusqu'à son extrémité inférieure qui est à environ 5000 pieds.

D'un autre côté, à l'époque où les glaciers de la vallée de la Kander confluaient encore dans le bassin du lac de Thoune avec ceux du cours supérieur de l'Aar, on peut sans exagération admettre qu'ils s'élevaient sur ce point à un niveau d'environ 6000 à 7000 pieds : mais de Thoune au bord du lac de Bienne, où l'on observe des roches polies si remarquables, il n'y a que 12 de lieues de distance en ligne droite. Or si l'on peut admettre que ce grand glacier de l'Oberland bernois n'était qu'un affluent de la grande mer de glace de la plaine suisse ; s'il est également probable que l'immense nappe de glace débouchant du Valais par le bassin du Léman se mouvait dans la direction de l'Est à l'Ouest, en contournant les Alpes du Pays d'en Haut, pour se grossir encore des affluens du bassin de la Sarine, on ne trouvera plus rien d'extraordinaire dans le niveau des roches polies et des blocs erratiques du Jura et dans la distribution de ces derniers sur les pentes méridionales de cette chaîne.

En effet, les rives du lac de Bienne sont à un niveau de 1400, et les plus hautes sommités du Jura où l'on observe des roches polies incontestables, à environ 3000 pieds; ce qui laisse toujours une différence de niveau de 4 à 5000 pieds sur une distance de 12 lieues; circonstance qui place ces mers de glace dans des conditions semblables à celles de certains glaciers ordinaires : car le glacier inférieur de l'Aar n'est pas le moins incliné, et sur plusieurs points de sa longueur sa pente est bien moins faible que ne l'indique la somme de son inclinaison dans tout son cours (*).

L'objection qu'a faite M. Mousson (**), qu'un mouvement dans un sens déterminé, dans une masse pareille est impossible, parce que la glace se dilate

(*) La pente du grand glacier d'Aletsch est, d'après M. Elie de Beaumont, de 2° 58′ sexagés. Celle de la Mer de glace de Chamouni, à l'endroit où les glaciers de Tacul et de Léchaud se confondent dans un même lit, est de 3° 15′; celle de la Pasterze dans sa partie la plus uniforme, de 3° 20′.— *Dufrénoy et Elie de Beaumont*, Mémoires, etc., Tom. IV, p. 215.

(**) Geologische Skizze, etc., p. 90.

dans tous les sens, n'a plus aucune force du moment qu'il est démontré que la pente de cette nappe pourrait presque égaler celle des glaciers ordinaires, qui cheminent cependant dans le sens de leur pente, malgré la dilatation qu'éprouve le glacier dans *tous* les sens. L'observation du même auteur, que de semblables glaciers ne sont plus en rapport avec l'étendue des mers de glace des hautes sommités qui auraient dû les entretenir, loin d'être une objection, explique au contraire pourquoi les glaces de la plaine, au lieu de persister après le soulèvement des Alpes, se sont retirées dans des limites de plus en plus étroites jusqu'à ce que les proportions entre la masse qui les entretient et leur diminution à leur extrémité inférieure et à leur surface ont été en harmonie avec l'état climatologique des Alpes.

Dans ma manière de voir, on conçoit très-bien la dispersion actuelle des blocs alpins provenant d'horizons géologiques situés à des niveaux absolus différens, dans les Alpes : les inférieurs n'ont pu arriver sur la glace que lorsque celle-ci atteignait des niveaux moins élevés et s'étendait par conséquent moins en avant vers le Jura.

L'exemple des blocs de la vallée de la Limmath, provenant du canton de Glaris, et de ceux de la vallée de la Reuss, provenant des Petits-Cantons, qui se mêlent près de Geroldwyl, cité par MM. de Buch et Mousson à l'appui de la théorie des courans, s'explique tout aussi bien par la supposition de la jonction des glaciers de deux vallées, donnant lieu au phénomène si fréquent d'une moraine médiane plus ou moins étalée.

A mesure qu'elles abandonnaient la plaine suisse, les glaces ont dû donner lieu à d'immenses courans qui ont occasionné des érosions très-notables. Ce n'est pas ici le lieu d'entrer dans des détails circonstanciés sur les dénudations qu'a éprouvées la molasse qui occupe toute la grande vallée suisse, entre le Jura et les Alpes: cependant il est certain que l'examen des formes de ses nombreux dômes et des vides qui les séparent doit être pris en sérieuse considération dans l'appréciation des causes qui ont modifié le niveau primitif et l'aspect de la surface de nos terrains tertiaires.

M. Mousson (*), qui s'est plus particulièrement occupé de ce phénomène de dénudation, lui attribue trois phases diverses, dont la première correspondrait à l'égalisation du sol molassique, la seconde à la formation de la plupart et des plus considérables de ses inégalités, et la troisième enfin au transport des blocs erratiques. Mais nous venons de voir que l'ordre de succession des faits est inverse; les blocs transportés sur la surface d'une grande nappe de glace étaient arrivés aux points où ils se sont arrêtés, que la glace

(*) Geognostische Beschreibung etc. l. c. p. 82.

creusait encore, par ses mouvemens, des érosions à la surface du sol qui, après le retrait complet des glaces, se sont maintenues sous la forme de vallées ou de simples dépressions sur un sol généralement égalisé. Et d'abord la plus grande dépression de la molasse me paraît un effet de la débâcle des glaciers, qui a dû être surtout considérable lorsque les masses de glace qui remplissaient de grandes dépressions, comme par exemple nos lacs, sont venues à se soulever; ces glaces ont même pu flotter à de grandes distances et charrier des blocs au loin, comme cela arrive dans le Nord; car l'ablation presque constante de la couche de fin sable et de gravier de dessous les blocs, au pied du Jura, jusqu'à un niveau d'environ 300 pieds au-dessus du lac, semble indiquer que le courant occasionné par cette débâcle, a généralement pu s'élever aussi haut; tandis qu'à 5 et 600 pieds au-dessus du lac on retrouve déjà presque partout cette couche.

Les traces les plus évidentes de courans que l'on rencontre dans la plaine suisse et dans le bas des vallées alpines sont ces amas irrégulièrement stratifiés de cailloux roulés et de détritus de glaciers, qui proviennent de l'époque de leurs plus grandes débâcles : la vallée de l'Aar nous en offre de beaux exemples. Le remaniement des terrains diluviens et la dispersion des ossemens fossiles qu'ils renferment, me paraissent devoir être en partie attribués à cette cause, et en partie au mouvement même des nappes de glace :

enfin le *löss* de la vallée du Rhin qui n'est qu'une accumulation de molasse finement triturée, me paraît être le dernier dépôt de l'écoulement des eaux dues à la fonte des glaces, postérieur au transport du gravier plus grossier qui l'avait précédé lorsque le courant était encore plus actif.

Avant de chercher à expliquer l'origine de cette calotte de glace, il me reste encore à présenter quelques considérations sur les rapports qui existent entre les phénomènes que nous avons étudiés et les phénomènes géologiques qui les ont précédés.

Ici nous sortirons parfois complètement du domaine des faits. Aussi j'attache beaucoup moins d'importance à faire prévaloir les considérations qu'il me reste à présenter, que je n'en ai attaché à tous les détails que j'ai rapportés sur les différens phénomènes qu'offrent les glaciers, et que nous avons analysés dans les chapitres précédens.

Cependant, à moins de se résigner à poursuivre terre à terre les phénomènes que la nature offre à notre investigation, je crois qu'il est impossible de ne pas les rattacher plus ou moins directement les uns aux autres. L'étude des glaciers, envisagée de ce point de vue, nous conduit naturellement à examiner leurs rapports généraux avec l'histoire du globe terrestre; et si jusqu'ici on ne les a pas fait rentrer dans la série des phénomènes auxquels je crois qu'ils peuvent être rattachés, c'est parce qu'on n'a généralement vu en eux que des masses glacées dominant les plus hautes sommités et les vallées les plus élevées de nos Alpes.

Nos lacs sont là pour nous dire que, malgré la quantité immense d'alluvions qui y sont entraînées constamment, et plus fortement à chaque changement de saison et après chaque averse, ils ne se sont cependant point remplis depuis que cet état de choses dure ; tant ce remplissage est insignifiant au fond. Mais comment se fait-il que les masses immenses de gros cailloux et de blocs gigantesques qui sont répandus entre les Alpes et le Jura, dans la plaine suisse comme au pied et sur la pente du Jura, ne les aient pas comblés ; que leurs rivages montrent encore des traces non équivoques de frottement et de polissage que leur lit même n'offre plus ? Tous ces faits, la présence des glaciers les explique, tout comme l'action des eaux actuelles nous explique les érosions de leur lit.

Mais quelque notables que soient les changemens que la terre a éprouvés dans les temps historiques, nous savons qu'elle en a subi de bien plus considérables à des époques antérieures, qui ont complètement changé son aspect et renouvelé les êtres organisés qui l'habitaient. On aurait bien tort d'envisager ces changemens comme des accidens ou comme des évènemens malheureux qui n'auraient fait que détruire ce qui existait : ils indiquent au contraire des époques de renouvellement dans cette série de métamorphoses successives que la terre a subies, et qui, liées entre elles de manière à ce que les suivantes apparaissent constamment comme un résultat de celles qui l'ont précédé, ont fini par amener l'ordre de choses établi maintenant sur notre planète. La surface de notre terre n'a point été simplement la scène sur laquelle les milliers d'êtres qui l'habitent et qui l'ont habitée jadis, sont venus jouer tour à tour leur rôle. Il existe entre elle et les êtres organisés qui l'ont peuplée, des rapports bien plus intimes; on peut même démontrer que la terre s'est développée à raison d'eux. C'est ce que m'ont dit toutes mes recherches paléontologiques, et c'est ce que je chercherai à démontrer en exposant, dans mes autres ouvrages, les résultats généraux auxquels ces recherches m'ont conduit.

Ces considérations nous mèneraient naturellement à rechercher quel a été l'état primitif de la planète que nous habitons, et à passer en revue les révolutions qu'elle a subies. Heureusement nos connaissances sur ce sujet sont assez avancées pour qu'on puisse affirmer sans trop d'incertitude, que la terre a passé par l'état d'une masse incandescente en fusion, qui s'est refroidie au point de pouvoir s'entourer d'un océan liquide et d'une atmosphère : dès lors il s'est formé des dépôts stratifiés; des êtres organisés ont peuplé les eaux et la surface de la terre ; mais de temps en temps des éruptions de l'intérieur sont venues interrompre la marche régulière de ces phénomènes, en modifiant le relief de notre globe. Les recherches de M. Elie de Beaumont nous ont appris que ces révolutions se lient intimement aux changemens biologiques de de l'histoire de la terre, puisque toutes les grandes époques géologiques sont comprises entre des phénomènes de soulèvement qui ont accidenté les couches de la terre et accompagné l'apparition et la disparition des espèces d'êtres organisés qui les peuplent. Mais ces soulèvemens ne me paraissent pas avoir été la cause immédiate de l'anéantissement de toutes les créations de plantes et d'animaux qui ont successivement figuré à la surface de la terre. Nous venons de voir qu'au moins la dernière, c'est-à-dire celle qui précéda immédiatement l'apparition de l'homme, avait été ensevelie dans les glaces avant que la chaîne des Alpes centrales se soulevât, et que le froid qui occasionna ces glaces a dû être instantané pour conserver, comme il l'a fait, les cadavres des éléphans qui habitaient autrefois la Sibérie. On m'a souvent objecté, qu'admettre une époque d'un froid assez intense pour recouvrir toute la terre, à de très-grandes distances des pôles, d'une masse de glace aussi considérable que celle dont nous avons cru reconnaître les traces, c'était se mettre en contradiction directe avec les faits si connus qui démontrent un refroidissement considérable de la terre depuis les temps les plus reculés. Mais rien, à mon avis, ne nous oblige à penser que ce refroidissement a été graduel et continuel : au contraire, quiconque a l'habitude d'étudier la nature sous un point de vue physiologique, sera bien plus disposé à admettre que la température de la terre s'est maintenue à un certain degré pendant toute la durée d'une époque géologique, comme cela a lieu pendant notre époque, puis, qu'elle a diminué subitement et considérablement à la fin de chaque époque avec la disparition des êtres organisés qui la caractérisent, pour se relever au commencement de l'époque suivante, bien qu'à un degré inférieur à celui de la température moyenne de l'époque précédente ; ensorte que la diminution de la température du globe pourrait être exprimée par la ligne suivante.

De cette manière, le phénomène du refroidissement de la terre, qui a accompagné la disparition des créations successives, pourrait être envisagé, jusqu'à un certain point, comme analogue à celui qui accompagne la mort des individus, et le rehaussement de la température, comme parallèle au développement d'une chaleur propre dans les êtres qui se forment.

S'il en est ainsi, le développement extraordinaire des glaciers et la formation des nappes de glace ne doivent plus être envisagés que comme un phénomène secondaire du refroidissement de la terre, dépendant du degré auquel la température de sa surface s'est abaissée lors des derniers changemens qu'elle a éprouvés, mais rentrant dans la série des oscillations qui ont amené la terre d'un état d'incandescence générale à sa température actuelle.

J'admets donc que les grandes oscillations que la température du globe a subies sont un phénomène général ; que les plus grands froids ont terminé chaque époque géologique ; que la formation de grandes nappes de glace, dont les blocs erratiques rappellent en partie l'étendue, a précédé le soulèvement des Alpes, et que c'est à la suite de ce soulèvement, lorsque la température se fut relevée, que les glaces ont commencé à se mouvoir dans le sens de la pente des Alpes au Jura ; qu'elles se sont retirées plus tard dans l'enceinte des Alpes, et ont fini par y former des masses distinctes avec des bords limités par les vallées, le long desquelles se sont alignées les moraines proprement dites.

Quant à la formation de ces grandes nappes de glace, voici comment on pourrait l'expliquer. Lorsque la terre s'est refroidie, les régions polaires ont dû être le point vers lequel toute la masse d'eau vaporisée dans les régions méridionales venait se condenser et se précipiter sous la forme de pluie, de grêle et de neige, qui ont dû durer aussi long-temps que l'abaissement de la température. Il en est nécessairement résulté des accumulations immenses de neige et de glace sous lesquelles les êtres organisés de l'époque ont été ensevelis. La puissance de cette nappe de neige et de glace a dû être très-considérable : en Suisse, elle a au moins égalé le volume du vide compris entre les points les plus élevés où l'on observe des blocs, et le niveau du fond de la vallée. Au reste, quelle que soit l'opinion que l'on puisse avoir sur le mode de formation de ces immenses masses de glace, leur existence au moins ne saurait plus être révoquée en doute.

La durée de cette époque de glace a également dû être considérable, puisqu'elle embrasse le soulèvement des Alpes et tous les phénomènes de retrait auxquels la fonte de cette masse a donné lieu.

Quelque opposition que l'on puisse faire aux idées énoncées dans cet ouvrage, toujours est-il que les faits nouveaux et nombreux que j'y ai consignés, surtout relativement à l'état intérieur des glaciers, à leur action sur le sol et au transport des blocs erratiques, ont amené la question sur un autre terrain que celui sur lequel elle a été débattue jusqu'à présent.

EXPLICATION DES PLANCHES.

L'Atlas qui accompagne cet ouvrage est composé de 32 planches; les 18 planches lithographiées représentent les glaciers dans leurs différentes positions et à différens niveaux, avec les formes particulières qu'ils affectent et les phénomènes divers auxquels ils donnent lieu dans les Alpes de la Suisse. Pour faciliter l'intelligence de ces différens phénomènes, et afin de faire ressortir leurs rapports avec les localités environnantes, j'ai ajouté à chacune des 14 premières planches, une planche au trait, où se trouvent indiqués les principaux caractères du glacier figuré, avec les noms des cimes adjacentes. Les quatre dernières planches représentent des phénomènes locaux relatifs à l'action des glaciers sur le sol; il m'a semblé inutile de les accompagner d'une planche explicative.

PL. 1 ET 2. PANORAMA DES GLACIERS DU MONT-ROSE.

Ces deux planches réunies représentent une partie de la grande chaîne du Mont-Rose avec les glaciers qui en descendent, tels qu'on les voit depuis le sommet du Riffel au-dessus de Zermatt, dans la vallée de Saint-Nicolas. Quoique j'aie déjà appelé l'attention sur les cimes et les glaciers de ce panorama, je crois cependant devoir en analyser ici tous les détails, en me rapportant, pour les généralités, à ce qui a été dit plus haut, page 26 et suivantes. Le premier massif, sur la gauche de pl. 1, est le Gornerhorn, dont M. Zumstein fit plusieurs fois l'ascension ; son sommet présente plusieurs cimes ; celle que j'ai marquée d'un *b* dans la planche au trait, et que M. Welden appelle la *cime de Zumstein*, a 14,060 pieds d'élévation. La cime *a*, qui ne put être escaladée, est la plus élevée de toute la chaîne ; elle est, suivant M. Zumstein, à environ 270 pieds plus haut que la précédente. La cime *c* me paraît correspondre à la *cime de Vincent*, de Welden. A gauche du massif du Gornerhorn, est un grand plateau de glace, la Porte-Blanche, qui vient se décharger dans la vallée de Zermatt, sous la forme de deux glaciers séparés par une moraine, et que j'appelle, l'un, le *glacier de la Porte-Blanche*, l'autre, le *petit glacier du Gornerhorn*. Le grand *glacier du Gornerhorn* descend du sommet même de ce massif ; en affluant dans la vallée, il est refoulé obliquement par les grands glaciers qui viennent de plus loin, et donne ainsi lieu à la première moraine oblique.

Le second massif de pl. 1 est le Mont-Rose proprement dit, que M. Welden appelle le *dôme du Signal* (Signalkuppe) ; il est séparé du Gornerhorn par deux glaciers que j'appelle, l'un, le *petit glacier*, et l'autre le *grand glacier du Mont-Rose*, qui sont séparés par une moraine, la *petite moraine du Mont-Rose*. Entre elle et la moraine du Gornerhorn, on remarque une seconde moraine oblique. La cime que l'on aperçoit dans le lointain, entre le Mont-Rose et le Gornerhorn, et qui est marquée d'un * sur la planche au trait, me paraît être la *cime de Parrot*, de Welden.

Le troisième massif à l'angle droit de pl. 1 est le Lyskamm ; de ses flancs descend un immense glacier que j'appelle le *glacier du Lyskamm*, et qu'il ne faut pas confondre avec le glacier de Lys, qui débouche du côté de l'Italie. Le grand massif que l'on voit sur la gauche de pl. 2 est le Breithorn ; son sommet présente une grande arête qui s'incline insensiblement à l'ouest. Un vaste glacier, d'une blancheur extrême, enclavé entre deux arêtes saillantes, descend de son sommet ; c'est le *grand glacier du Breithorn.* Deux autres glaciers, les *premier* et *second petits glaciers du Breithorn*, descendent sur son flanc occidental. A droite du Breithorn est un pic moins élevé et dégagé de neige pendant une grande partie de l'été ; c'est le *Petit-Cervin.* De Saussure, qui en fit l'ascension, l'appelle la *Corne-Brune*, pour la distinguer du Breithorn, qui est toujours couvert de neige ; il en mesura la hauteur qu'il trouva être de 2,002 toises. Un petit glacier que j'appelle le *glacier du Petit-Cervin*, se rattache à cette cime, mais il conflue bientôt avec le *glacier de la Furkeflue*, dont il n'est séparé que par une moraine médiane. La dernière éminence que l'on remarque sur la droite de pl. 2 est la *Furkeflue*, derrière laquelle s'étend le *glacier de Saint-Théodule*, qui sert de communication entre le Valais et l'Italie. Ce glacier communique avec le glacier de la Furkeflue, par une échancrure de l'*arête d'Auf-Platten.* Enfin le grand mur noir qui forme l'angle au bas de la pl. 2 est l'un des flancs du *Riffelhorn*, au pied duquel est pris le panorama de ces deux planches.

PL. 3. GLACIER DE ZERMATT, PARTIE SUPÉRIEURE PRISE AU-DESSUS DU RIFFELHORN.

Cette planche représente le glacier de Zermatt, à l'endroit où, après avoir reçu les affluens du Breithorn, du Petit-Cervin et de la Furkeflue, il se resserre entre les parois des massifs du Riffel et d'Auf-Platten. Comme la pente est ici assez roide, les crevasses sont plus béantes que plus haut, les moraines commencent en même temps à se confondre, ainsi que cela est indiqué sur la planche au trait.

PL. 4. GLACIER DE ZERMATT, PARTIE MOYENNE.

Cette vue du glacier est prise du massif d'Auf-Platten, sur la rive gauche du glacier, de manière que nous avons en face le plateau du Riffel avec le Riffelhorn. La pente du glacier est très-forte en cet endroit; aussi les crevasses y sont-elles très-nombreuses et très-larges; les moraines se confondent de plus en plus, et ne forment plus que quelques larges bandes. Le torrent que l'on aperçoit à droite vient du glacier de Saint-Théodule, dont l'issue est derrière le massif d'Auf-Platten; la surface même du massif d'Auf-Platten est polie jusqu'à une grande hauteur, ce qui prouve que le glacier a jadis occupé ce sol.

PL. 5. GLACIER DE ZERMATT, PARTIE INFÉRIEURE VUE DE COTÉ, AU DERNIER CONTOUR DU GLACIER.

Nous voyons ici l'un des phénomènes les plus curieux des glaciers, la manière dont les crevasses changent de direction lorsque le glacier fait un contour; elles se replient sur elles-mêmes, et de transversales qu'elles étaient elles deviennent longitudinales. Cette vue est également prise d'Auf-Platten, mais à un niveau plus bas que la précédente. Les diverses moraines confondues dans ce point ne sont plus reconnaissables qu'à leur couleur provenant de la nature particulière des diverses roches.

PL. 6. GLACIER DE ZERMATT, EXTRÉMITÉ INFÉRIEURE.

Cette planche représente l'issue du glacier avec la voûte par laquelle s'échappe la Viège. Dans le lointain on aperçoit les aiguilles qui correspondent à la partie la plus escarpée du glacier. Une petite voûte latérale se voit au-dessous de ces aiguilles ; il s'en échappe un petit filet d'eau qui bientôt va se perdre sous le glacier. Le rocher qui forme la rive droite du glacier est nu, arrondi et poli par l'effet des glaces. Les moraines, par l'effet de leur tendance à regagner les bords, ont disparu de la surface du glacier, où l'on n'en rencontre plus que quelques lambeaux. Les moraines latérales, en revanche, sont très-puissantes.

PL. 7. GLACIER DE ZERMATT, FLANC DE L'EXTRÉMITÉ INFÉRIEURE.

Le glacier est ici vu de très-près, afin de donner une idée de l'apparence raboteuse de la glace exposée aux influences atmosphériques. La stratification y est également très-distincte. Comme la glace se détache ici du rocher, je pus pénétrer sous sa masse, et j'y vis distinctement la manière dont s'opère le poli par l'effet du mouvement de la glace qui, en se dilatant, agit comme une râpe sur le rocher, en même temps que le gravier qui adhère à sa surface inférieure y détermine les stries. Dans le haut de la planche, à gauche, on aperçoit les mêmes aiguilles de glace qui sont aussi représentées sur la pl. 6.

PL. 8. ROCHES POLIES DU GLACIER DE ZERMATT.

Nous avons ici un exemple frappant de ces dômes de forme arrondie et ventrue que de Saussure désigne sous le nom de roches moutonnées. Or, comme ces roches sont sur le bord même du glacier, on ne saurait douter qu'elles ne doivent leur forme particuliere à l'action de la glace ; elles sont d'ailleurs polies et striées absolument comme sous la glace elle-même.

Cette vue est prise du massif d'Auf-Platten, entre les points de vue de pl. 4 et 5, dans un endroit où le glacier est très-incliné et très-crevassé, et où par conséquent les moraines sont déjà confondues.

PL. 9. GLACIER DE VIESCH, MORAINE TERMINALE.

Cette planche est destinée à donner une idée exacte de la moraine terminale et de la manière dont elle ceint l'extrémité du glacier. Le torrent s'est creusé une issue à travers ce rempart qui, malgré sa hauteur, n'est pas assez résistant pour empêcher l'eau de s'écouler. Sur les bords du glacier, la moraine terminale est liée sans interruption à la moraine latérale qui en forme la continuation directe aussi long-temps que le glacier est stationnaire ou qu'il avance. Au-dessous de la moraine, le rocher est généralement poli et strié ; preuve que le glacier s'est autrefois étendu plus loin qu'à présent. A côté des dômes arrondis dont le poli et les stries résultent du mouvement des glaces, nous voyons aussi, sur les bords mêmes du torrent, des traces distinctes d'érosions produites par les eaux ; on les reconnaît facilement à leur forme irrégulière : le rocher est irrégulièrement excavé et a l'air d'avoir été usé à coups de gouge. Cette localité est d'autant plus remarquable, que l'on peut y comparer directement l'action de l'eau et celle de la glace sur les rochers.

PL. 10. GLACIER DE VIESCH.

Ce glacier est encaissé dans toute sa longueur entre des parois très-abruptes et très-serrées. Il présente un cours très-sinueux, et comme ses moraines sont abondantes, on les voit de fort loin comme une ligne ondulée à la surface de la glace. Cette disposition onduleuse tend à disloquer les moraines, et surtout les moraines médianes, et l'on voit ordinairement s'en détacher des traînées plus ou moins considérables à chaque contour. La longueur de ce glacier est très-considérable, on le poursuit des yeux jusqu'au pied du versant méridional des cimes de la chaîne bernoise. La vue qui est ici représentée est prise à quelque distance de l'extrémité du glacier, sur les bords du torrent qui s'échappe du lac d'Aletsch pour se jeter dans le glacier de Viesch.

PL. 11. GLACIER DE FINELEN.

Ce glacier est situé dans la vallée de Saint-Nicolas, au-dessus de Zermatt; il se rattache, comme le glacier de Zermatt, au grand plateau de glace qui entoure le Mont-Rose; mais au lieu de descendre à l'ouest du Riffel, il en forme la bordure à l'est, de manière que le plateau du Riffel se trouve enfermé comme une île entre ces deux glaciers. Le glacier de Finelen est un glacier simple, c'est-à-dire qu'il n'est pas formé de la réunion de plusieurs affluens, comme celui de Zermatt. Aussi ne voit-on point de moraines médianes à sa surface. Sur la droite, on aperçoit, dans le lointain, la Porte-Blanche, qui mène de Zermatt à Macugnana.

PL. 12. GLACIER ET LAC D'ALETSCH.

Le phénomène qui est ici représenté est l'un des plus curieux que présentent les glaciers. Le glacier d'Aletsch, l'un des plus grands de la Suisse, descend des cimes des Alpes bernoises vers le Valais, où il va déboucher au-dessus du village de Mœrel. Sa direction générale est du nord au midi; mais près de son extrémité, il rencontre l'arête du Bedmerhorn, qui le force à dévier à l'ouest. A l'endroit où s'opère ce contour, se trouve une échancrure dans laquelle est situé le lac d'Aletsch. Ce lac était autrefois plus étendu qu'il ne l'est maintenant; et lorsque la fonte des neiges et des glaces était très-forte, il arrivait souvent que toute cette masse d'eau se frayait avec violence une issue sous le glacier, et causait de grands ravages dans le fond de la vallée. Pour obvier à cet inconvénient, l'on a creusé, dans la direction du glacier de Viesch, un écoulement artificiel à ce lac, qui ne peut plus maintenant dépasser un certain niveau. La glace ne repose pas immédiatement sur l'eau; il y a, au contraire, entre le fond du glacier et la surface de l'eau un espace de plusieurs pouces, occasionné par la température du lac qui est constamment au-dessus de zéro pendant l'été. A raison de ce vide, il se détache souvent d'énormes blocs du glacier, qui flottent à la surface du lac et imitent parfaitement les glaces flottantes des régions boréales.

PL. 13, FIG. 1. STRATIFICATION DU GLACIER DE SAINT-THÉODULE.

Cette planche nous donne une idée de l'aspect que présente la glace stratifiée. Cette stratification est surtout distincte sur les parois verticales dont il vient de se détacher des éboulemens de glace. Les rochers qui sont au bas de cette figure sont polis et striés.

PL. 13, FIG. 2. VIEILLE NEIGE FISSURÉE AVEC DES TACHES DE NEIGE FRAICHE.

Ce phénomène se rencontre assez fréquemment en été, et lorsque la neige fraîche n'est pas encore complètement fondue; elle se présente comme de larges bandes d'une blancheur éclatante au milieu de la surface plus ou moins sale du glacier.

PL. 14. GLACIER INFÉRIEUR DE L'AAR, PARTIE SUPÉRIEURE, AVEC LA CABANE DE M. HUGI.

On voit ici la réunion de deux grands glaciers du Lauteraar et du Finsteraar, qui confluent pour former le glacier inférieur de l'Aar. La moraine médiane, qui résulte de leur jonction, s'élève comme une immense arête du milieu de ces deux glaciers. La cabane qui est ici figurée fut construite dans l'origine, par M. Hugi, au pied du rocher *Im Abschwung*, qui forme le mur de séparation entre les deux glaciers; maintenant elle est éloignée de 4,600 pieds; elle a été entraînée à cette distance par le mouvement continuel du glacier dans le sens de sa pente. Le grand bloc que l'on voit près de la cabane est de granit; on le distingue de fort loin à sa couleur blanchâtre, tandis que le reste de la moraine, composé en grande partie de schistes micacés et chlorités, présente une teinte brunâtre. On voit en outre sur cette planche quelques exemples de petites moraines médianes, de moraines obliques et de tables. La table qui est la plus rapprochée de la grande moraine médiane repose sur un piédestal de 4 à 5 pieds de haut. Le massif d'Abschwung, qui paraît ici revêtu de neige, ne l'est pas habituellement pendant l'été. Sa hauteur est de près de 8,000 pieds. A droite de ce massif s'élèvent les nombreuses cimes des Schreckhörner, et, à gauche, la grande arête du Finsteraarhorn.

PL. 15. DOMES ARRONDIS, POLIS ET STRIÉS, AU DESSUS DE LA HANDECK.

Ces rochers, en forme de dômes, sont usés et polis absolument de la même maniere que ceux qu'on voit sur le bord du glacier de Zermatt (voy. pl. 8); et cependant, actuellement il n'y a point de glacier dans cette localité ; d'où il faut conclure que les glaciers ont eu autrefois une plus grande extension que de nos jours.

PL. 16. HELLE-PLATTE A LA HANDECK.

Cette localité, située à une petite demi-lieue au-dessus de la Handeck, est remarquable en ce que le rocher y est poli comme le plus beau marbre sur une surface très-étendue.

PL. 17. ROCHES POLIES DU LANDERON.

La localité où l'on voit ces roches polies est située sur le flanc méridional du Jura, à trois lieues de Neuchâtel et à une distance de plus de vingt lieues des glaciers les plus rapprochés. La surface entière du Jura, du côté des Alpes, est ainsi plus ou moins usée et polie. Les stries, qui y sont également très-distinctes, sont à-peu-près perpendiculaires à la pente de la montagne ; de manière qu'il est impossible qu'elles aient été produites autrement que par un mouvement lent de la glace dans le sens de la direction du Jura.

PL. 18. FRAGMENS DE ROCHES POLIES.

Quoique les fragmens qui sont ici figurés proviennent de localités très-diverses, cependant leur poli est de même nature et présente les mêmes stries qui servent à distinguer les effets de la glace de l'action qui est produite sur les rochers par les érosions. Le fragment de fig. 1 est de la serpentine schisteuse à gros grains. Je l'ai détaché à grand'peine sous le flanc droit du glacier de Zermatt, à l'endroit qui est représenté pl. 7. Le fragment de fig. 2 est de la serpentine schisteuse à pâte très-fine ; c'est ce qui fait que les stries y sont si distinctes. Ces stries ne sont pas aussi parallèles que sur le fragment de fig. 1 ; on y remarque même des intersections très-nombreuses, qui indiquent des variations notables dans l'état de l'ancien glacier qui les a produites. J'ai détaché ce fragment au sommet du Riffel, à plus de 600 pieds au-dessus du niveau actuel du glacier de Zermatt, qui est au pied de ce massif. Les fragmens de fig. 3 et 4 sont du lias. Je les ai détachés sous le glacier de Rosenlaui ; on y remarque, à côté des stries, de ces raies blanches que nous avons mentionnées pag. 195, et qui proviennent des grains de gravier qui, pressés sur ce calcaire, l'ont en quelque sorte broyé au lieu de le strier. Enfin le fragment de fig. 5 est du calcaire jurassique supérieur (portlandien) provenant du Landeron, près de Neuchâtel. Le poli en est si parfait qu'on y distingue très-bien la coupe des fossiles qui sont empâtés dans cette roche. Le fragment figuré contient entre autres une coupe de nérinée (*Nerinea suprajurensis*) très distincte. Les stries y sont des plus nettes.

TABLE DES MATIÈRES.

ERRATA.

Page 74, ligne 14, M. Hugi décrit, en outre la neige rouge; *lisez* : M. Hugi décrit, outre la neige rouge.

Pag. 115, lig. 24, à plus d'un pouce de la surface; *lisez* : à plus d'un pied de la surface.

Pag. 116, lig. 2, réfringérante; *lisez* : réfrigérente.

« 173, « 28, extérieur; *lisez* : intérieur.

« 207, « 23, plaques; *lisez* : flaques.

« 208, « 4, dont ils; *lisez* : dont elles.

« 216, « 18, Gimsel, *lisez* : Grimsel.

« 219, « 27, n° 56; *lisez* : n° 53.

« 292, « 28, sales bandes; *lisez* : salbandes.

« 300, « 24, n'est nullement limité; *lisez* : ne sont nullement limités.

Printed in the United States
By Bookmasters